T0219552

Zukunftstechnologien für den multifunktionalen Leichtbau

Reihe herausgegeben von
Open Hybrid LabFactory e. V., Wolfsburg, Niedersachsen, Deutschland

Ziel der Buchreihe ist es, zentrale Zukunftsthemen und aktuelle Arbeiten aus dem Umfeld des Forschungscampus Open Hybrid LabFactory einer breiten Öffentlichkeit zugänglich zu machen. Es werden neue Denkansätze und Ergebnisse aus der Forschung zu Methoden und Technologien zur Auslegung und großserienfähigen Fertigung hybrider und multifunktionaler Strukturen vorgestellt. Insbesondere gehören neue Produktions- und Simulationsverfahren, aber auch Aspekte der Bauteilfunktionalisierung und Betrachtungen des integrierten Life-Cycle-Engineerings zu den Forschungsschwerpunkten des Forschungscampus und zum inhaltlichen Fokus dieser Buchreihe.

Die Buchreihe umfasst Publikationen aus den Bereichen des Engineerings, der Auslegung, Produktion und Prüfung materialhybrider Strukturen. Die Skalierbarkeit und zukünftige industrielle Großserienfähigkeit der Technologien und Methoden stehen im Vordergrund der Beiträge und sichern langfristige Fortschritte in der Fahrzeugentwicklung. Ebenfalls werden Ergebnisse und Berichte von Forschungsprojekten im Rahmen des durch das Bundesministerium für Bildung und Forschung geförderten Forschungscampus veröffentlicht und Proceedings von Fachtagungen und Konferenzen im Kontext der Open Hybrid LabFactory publiziert.

Die Bände dieser Reihe richten sich an Wissenschaftler aus der Material-, Produktions- und Mobilitätsforschung. Sie spricht Fachexperten der Branchen Technik, Anlangen- und Maschinenbau, Automobil & Fahrzeugbau sowie Werkstoffe & Werkstoffverarbeitung an. Der Leser profitiert von einem konsolidierten Angebot wissenschaftlicher Beiträge zur aktuellen Forschung zu hybriden und multifunktionalen Strukturen.

This book series presents key future topics and current work from the Open Hybrid Lab-Factory research campus funded by the Federal Ministry of Education and Research (BMBF) to a broad public. Discussing recent approaches and research findings based on methods and technologies for the design and large-scale production of hybrid and multifunctional structures, it highlights new production and simulation processes, as well as aspects of component functionalization and integrated life-cycle engineering.

The book series comprises publications from the fields of engineering, design, production and testing of material hybrid structures. The contributions focus on the scalability and future industrial mass production capability of the technologies and methods to ensure long-term advances in vehicle development. Furthermore, the series publishes reports on and the findings of research projects within the research campus, scientific papers as well as the proceedings of conferences in the context of the Open Hybrid Lab-Factory.

Intended for scientists and experts from the fields of materials, production and mobility research; technology, plant and mechanical engineering; automotive & vehicle construction; and materials & materials processing, the series showcases current research on hybrid and multifunctional structures.

Weitere Bände in der Reihe http://www.springer.com/series/16103

Klaus Dröder
(Hrsg.)

Prozesstechnologie zur Herstellung von FVK-Metall-Hybriden

Ergebnisse aus dem BMBF-Verbundprojekt
ProVor^{Plus}

 Springer Vieweg

Hrsg.
Klaus Dröder
Braunschweig, Deutschland

ISSN 2524-4787   ISSN 2524-4795   (electronic)
Zukunftstechnologien für den multifunktionalen Leichtbau
ISBN 978-3-662-60679-7   ISBN 978-3-662-60680-3   (eBook)
https://doi.org/10.1007/978-3-662-60680-3

Die Deutsche Nationalbibliothek verzeichnet diese Publikation in der Deutschen Nationalbibliografie; detaillierte bibliografische Daten sind im Internet über http://dnb.d-nb.de abrufbar.

Springer Vieweg ist ein Imprint der eingetragenen Gesellschaft Springer-Verlag GmbH, DE und ist ein Teil von Springer Nature.
Die Anschrift der Gesellschaft ist: Heidelberger Platz 3, 14197 Berlin, Germany

Forschungscampus Open Hybrid LabFactory

Abschlussbericht des BMBF-Verbundprojekts

ProVor[Plus]
Funktionsintegrierte Prozesstechnologie zur Vorkonfektionierung und Bauteilherstellung von FVK-Metall-Hybriden

Dieses Forschungs- und Entwicklungsprojekt wurde durch das Bundesministerium für Bildung und Forschung (BMBF) im Rahmen der Förderinitiative „Forschungscampus – öffentlich-private Partnerschaft für Innovationen" gefördert und vom Projektträger Karlsruhe (PTKA) betreut. Die Verantwortung für den Inhalt dieser Veröffentlichung liegt bei den Autorinnen und Autoren.

Förderkennzeichen:

02PQ5100	Technische Universität Carolo-Wilhelmina zu Braunschweig
02PQ5101	Leibniz Universität Hannover
02PQ5102	Technische Universität Clausthal
02PQ5103	IFF GmbH
02PQ5104	J. Schmalz GmbH
02PQ5105	Siempelkamp Maschinen- und Anlagenbau GmbH
02PQ5106	Karosseriewerke Dresden GmbH
02PQ5107	VOLKSWAGEN AKTIENGESELLSCHAFT
02PQ5108	Engel Deutschland GmbH

Laufzeit: 01.01.2015 bis 31.12.2018

GEFÖRDERT VOM

Bundesministerium
für Bildung
und Forschung

Projektkonsortium

Technische Universität Carolo-Wilhelmina zu Braunschweig
Institut für Werkzeugmaschinen und Fertigungstechnik (IWF)
Institut für Füge- und Schweißtechnik *(ifs)*

Leibniz Universität Hannover
Institut für Umformtechnik und Umformmaschinen (IFUM)
Institut für Montagetechnik (match)

Technische Universität Clausthal
Institut für Polymerwerkstoffe und Kunststofftechnik (PuK)

IFF GmbH

J. Schmalz GmbH

Siempelkamp Maschinen- und Anlagenbau GmbH & Co. KG

Karosseriewerke Dresden GmbH

Volkswagen AG

ENGEL Deutschland GmbH

BASF SE *(assoziiert)*

Inhaltsverzeichnis

Über die Autoren

Prof. Dr.-Ing. Klaus Dröder Technische Universität Carolo-Wilhelmina zu Braunschweig

Prof. Dr.-Ing. Klaus Dilger Technische Universität Carolo-Wilhelmina zu Braunschweig

Prof. Dr.-Ing. Anke Müller ehem. Technische Universität Carolo-Wilhelmina zu Braunschweig

Jan P. Beuscher Technische Universität Carolo-Wilhelmina zu Braunschweig

Raphael Schnurr Technische Universität Carolo-Wilhelmina zu Braunschweig

Dr.-Ing. Kristian Lippky Technische Universität Carolo-Wilhelmina zu Braunschweig

Dr.-Ing. Markus Kühn Technische Universität Carolo-Wilhelmina zu Braunschweig

Prof. Dr.-Ing. Bernd-Arno Behrens Leibniz Universität Hannover

Prof. Dr.-Ing. Annika Raatz Leibniz Universität Hannover

Moritz Micke-Camuz Leibniz Universität Hannover

Florian Bohne Leibniz Universität Hannover

Christopher Bruns Leibniz Universität Hannover

Michael Weinmann Technische Universität Clausthal

Dr.-Ing. Sierk Fiebig Volkswagen AG

Florian Glaubitz Volkswagen AG

André Beims Volkswagen AG

Dr.-Ing. Harald Kuolt J. Schmalz GmbH

Paul Zwicklhuber ENGEL Deutschland GmbH

Prof. Dr.-Ing. Gerhard Ziegmann Technische Universität Clausthal

Prof. Dr.-Ing. Dieter Meiners Technische Universität Clausthal

Prof. Dr.-Ing. Sven Hartwig Technische Universität Carolo-Wilhelmina zu Braunschweig

Teil I
Ausgangssituation und Projektziel

Einleitung

Klaus Dröder⑩, Anke Müller⑩, Moritz Micke-Camuz und Sierk Fiebig

Der aktuell anhaltende Umschwung in der Automobilindustrie und die damit einhergehende allmähliche Abkehr vom Verbrennungsmotor hin zu elektrischen und hybriden Antriebskonzepten hat weitreichende Folgen für den modularen Aufbau der Fahrzeuge, die Karosserie und die strukturellen Komponenten. Zu Beginn dieser Wandelphase wurden zunächst nur Antrieb und Antriebstrang in bestehenden Karosseriekonzepten getauscht. Mittlerweile werden gänzlich neue Karosseriekonzepte um den Antrieb des Automobils neu entwickelt. So wird zukünftig bei elektrisch angetriebenen Fahrzeugen der Motorblock im Vorderwagen durch elektrische Achsantriebe ersetzt, was in erheblichen Auswirkungen auf das gesamte Fahrzeugkonzept resultiert [1]. Ein weiteres entscheidendes Bauteil, das bei elektrisch angetriebenen Automobilen bzw. Plug-In-Hybriden (Kombination aus Verbrennungsmotor und Elektromotor) hinzukommt und die Karosseriekonzepte grundlegend beeinflusst, ist die Einbindung des Batteriegehäuses.

Nach anfänglichen Zweifeln an der Effektivität des Karosserieleichtbaus im Zuge der Umstellung der Fahrzeuge auf die Elektromobilität wird derzeit seitens der Original Equipment Manufacturer (OEM) der Leichtbaugedanke wieder proklamiert. Durch

K. Dröder · A. Müller
Institut für Werkzeugmaschinen und Fertigungstechnik, Technische Universität Braunschweig, Braunschweig, Deutschland

M. Micke-Camuz
Institut für Umformtechnik und Umformmaschinen, Leibniz Universität Hannover, Garbsen, Deutschland

S. Fiebig (✉)
Volkswagen AG, Braunschweig/Wolfsburg, Deutschland
E-Mail: sierk.fiebig@volkswagen.de

© Springer-Verlag GmbH Deutschland, ein Teil von Springer Nature 2020
K. Dröder (Hrsg.), *Prozesstechnologie zur Herstellung von FVK-Metall-Hybriden*, Zukunftstechnologien für den multifunktionalen Leichtbau,
https://doi.org/10.1007/978-3-662-60680-3_1

leichtere Karosserien lassen sich in der Regel Reichweitenvorteile erzielen, Zuladungs-
beschränkungen kompensieren sowie Rad- und Achslasten reduzieren.

Der Karosseriebau setzt beim Thema Leichtbau verstärkt auf einen Multimaterial-
mix. Hybride Bauteile aus Metallen und faserverstärkten Kunststoffen kombinieren hierbei die Vorteile beider Werkstoffklassen, sodass sich Möglichkeiten zur Ausnutzung von
Synergien ergeben. Während ein faserverstärkter Kunststoff (FVK) z. B. hohe Zugkräfte
entlang der Faser aufnehmen kann, kann eine Impact-Belastung senkrecht zur Faserausrichtung eines Bauteils durch einen duktilen metallischen Werkstoff absorbiert werden.
Auf der anderen Seite kann eine auf der zugbelasteten Seite angebrachte Endlosfaserver-
stärkung die Biegefestigkeit eines metallischen Profils erhöhen.

Die Umsetzung hybrider Bauteile oder im Speziellen der Einsatz von FVK scheitern
allerdings oftmals an den Material- sowie Prozesskosten. So erzeugen beispielsweise FVK gegenüber Automobilstählen mehr als 7- bis 32-fache Materialkosten zur
Erreichung der gleichen Festigkeit und mehr als dreifache Kosten zur Erreichung der
gleichen Steifigkeit [2]. Daher ist es wichtig, kosteneffiziente Prozesse mit kurzen
Taktzeiten zu entwickeln, um einen bezahlbaren Leichtbau in der Serienproduktion
zu ermöglichen und durch diese wiederum den Materialpreis zu beeinflussen. Aufgrund der kürzeren Prozesszeit bei der Verarbeitung, der besseren Recyclingfähigkeit
und der Anwendbarkeit thermischer Fügeverfahren [3] wurden im Rahmen des Projekts
ProVor[Plus] ausschließlich FVK mit thermoplastischer Matrix betrachtet.

Das Verbundprojekt wurde im Rahmen der ersten Förderphase (2014–2018) des
Forschungscampus „Open Hybrid LabFactory" durchgeführt und durch das Bundesministerium für Bildung und Forschung gefördert.

Literatur

1. Wagener, C. (2019). Automobile Megatrends – Bedeutung des Karosserieleichtbaus im Zeitalter der Elektromobilität. *Tagungsband T 48 des 39. EFB-Kolloquiums Blechverarbeitung.*
2. Fiebig, S. (2018). ProVorPlus – Development of a battery tray in hybrid design. Presented at
   Conf. *Faszination hybrider Leichtbau*, May 29–30, 2018, Wolfsburg.
3. Lohse, H. (2005). Thermoplastische Systemlösungen im Automobilbau. *adhäsion Kleben &
   Dichten, 49*(9), 22–27.

Aufgabenstellung und Zielsetzung

2

Klaus Dröder©, Anke Müller©, Moritz Micke-Camuz und Sierk Fiebig

Die zentrale Idee und Aufgabe des Verbundprojekts ProVor^{Plus} ist die Herstellung schalenförmiger Faserverstärkter-Thermoplast-Metall-Hybridbauteile durch die Verwendung komplexer hybrider Vorformlinge, die in einem Vorkonfektionierungsschritt mithilfe einer funktionsintegrierten Handhabungs- und Fügetechnik aus einfachen (vorkonsolidierten) FVK- und Metallhalbzeugen aufgebaut und anschließend in einem Bauteilherstellungsprozess durch ur- und umformende Verfahren zu einem hybriden Bauteil endkonsolidiert werden.

Das Referenzbauteil, an dem sich die Prozessentwicklung im BMBF-Projekt ProVor^{Plus} orientiert, ist eine Batterieunterschale für den Volkswagen Passat GTE Plug-In Hybrid (Kap. 4). In der Serie besteht die Batterieunterschale aus einem Aluminiumdruckgießbauteil. Die konstruktive Zielsetzung zu Beginn des Projekts war eine Gewichtsreduzierung um bis zu 20 %. Mit diesem Anspruch wurde in mehreren Iterationsschleifen ein Prototyp in Hybridbauweise konstruiert und ausgelegt. Dieses Funktionsmuster der Batteriewanne besteht aus einer Modulstützstruktur aus hochfestem Stahl, einem Crashrahmen aus Stahl und Aluminium, einer spritzgegossenen Kunststoffstruktur auf einer thermogeformten Organoblechschale (Abb. 2.1).

K. Dröder · A. Müller
Institut für Werkzeugmaschinen und Fertigungstechnik, Technische Universität Braunschweig, Braunschweig, Deutschland

M. Micke-Camuz
Institut für Umformtechnik und Umformmaschinen, Leibniz Universität Hannover, Garbsen, Deutschland

S. Fiebig (✉)
Volkswagen AG, Braunschweig/Wolfsburg, Deutschland
E-Mail: sierk.fiebig@volkswagen.de

© Springer-Verlag GmbH Deutschland, ein Teil von Springer Nature 2020   5
K. Dröder (Hrsg.), *Prozesstechnologie zur Herstellung von FVK-Metall-Hybriden,* Zukunftstechnologien für den multifunktionalen Leichtbau,
https://doi.org/10.1007/978-3-662-60680-3_2

Referenzbauteil: Batterieträger, Plug-In Hybrid

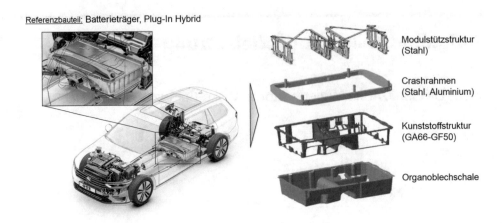

Modulstützstruktur
(Stahl)

Crashrahmen
(Stahl, Aluminium)

Kunststoffstruktur
(GA66-GF50)

Organoblechschale

Abb. 2.1 Referenzbauteil und Prototypendesign. (Quelle: Volkswagen)

Um die angestrebte Großserientauglichkeit der zu entwickelnden Prozesskette zu gewährleisten, war das angestrebte Prozessziel mit einer Zykluszeit des Gesamtprozesses (als Summe aller Teilprozessschritte) von unter 90 s und einer Durchlaufzeit von unter 5 min zu erzielen. Der Gesamtprozess besteht hierbei aus den Prozessschritten der Materialbereitstellung, der Erwärmung, der Umformung sowie dem Beschnitt und der spritzgießtechnischen Funktionalisierung des Vorformlings. Dazu wurde ein thermoplastischer FVK mit glasfasergewebeverstärktem (Köperbindung [2/2]) Polyamid 6 (PA 6) mit einer Faserausrichtung von 0°/90° eingesetzt. Dieser Werkstoff wird im Folgenden als *Organoblech* bezeichnet. Als Spritzgießmaterial wurde Polyamid 6.6 (PA 6.6) mit einem Faseranteil von 50 % untersucht.

Die Erarbeitung der Projektergebnisse erfolgte in sechs Arbeitspaketen. Hierzu gehörten die Bauteilkonstruktion und Prozessauslegung (Arbeitspaket 1), die Materialcharakterisierung (Arbeitspaket 2), die Vorkonfektionierung inklusive Handhabung (Arbeitspaket 3), die Bauteilherstellung mittels umformender und urformender Verfahren inklusive der Prozesssimulation (Arbeitspakete 4 und 5) und die Umsetzung eines Gesamtprozesses (Arbeitspaket 6), der auf den Ergebnissen der einzelnen Teilschritte beruht.

Die erzielten Projektergebnisse werden im folgenden Abschlussbericht dargestellt. Nach einem eingangs dargestellten Überblick über den Stand der Technik zum Projektstart sowie aktueller Entwicklungen werden zunächst das Referenzbauteil sowie die geplanten Produktionsstrategien erläutert. Im Anschluss finden die Ergebnisse der grundlegenden Untersuchungen zum Aufbau der durchgehenden Prozesskette Eingang in den Abschlussbericht. Abschließend zeigt der Bericht die Herstellung der Batterieunterschale anhand der aufgebauten Prozesskette detailliert auf.

Stand der Technik

3

Jan P. Beuscher⓪, Florian Bohne, Christopher Bruns, Annika Raatz⓪,
Moritz Micke-Camuz, Anke Müller⓪, Markus Kühn und Raphael Schnurr

Das folgende Kapitel führt in die Thematik des materialhybriden Leichtbaus ein und umfasst die relevanten Grundlagen der behandelten Produktionstechnologien sowie zum Verständnis erforderliche, materialwissenschaftliche Methoden. Die beschriebene Literatur erstreckt sich von den bisher umgesetzten hybriden Bauteilen aus Metallen und faserverstärkten Kunststoffen, über die Fertigungsverfahren, die im Rahmen des Projekts ProVor[Plus] untersucht wurden, bis hin zur Charakterisierung der in den Fertigungsprozessen verwendeten Halbzeuge.

3.1 Hybride Bauteile

Jan P. Beuscher

Das Multimaterialdesign im Leichtbau bezweckt einen anforderungsgerechten Material-einsatz, mit dem eine Minimierung des Bauteilgewichts bei Gewährleistung oder Steige-rung von Bauteilfunktionalitäten erreicht werden kann. Während das Multimaterialdesign

J. P. Beuscher (✉) · A. Müller · M. Kühn · R. Schnurr
Institut für Werkzeugmaschinen und Fertigungstechnik,
Technische Universität Braunschweig, Braunschweig, Deutschland
E-Mail: j.beuscher@tu-braunschweig.de

F. Bohne · M. Micke-Camuz
Institut für Umformtechnik und Umformmaschinen,
Leibniz Universität Hannover, Garbsen, Deutschland

C. Bruns · A. Raatz
Institut für Montagetechnik, Leibniz Universität Hannover, Garbsen, Deutschland

© Springer-Verlag GmbH Deutschland, ein Teil von Springer Nature 2020
K. Dröder (Hrsg.), *Prozesstechnologie zur Herstellung von FVK-Metall-Hybriden*, Zukunftstechnologien für den multifunktionalen Leichtbau,
https://doi.org/10.1007/978-3-662-60680-3_3

grundsätzlich den Materialeinsatz auf der Systemebene eines Produkts betrachtet, also die Kombination jeweils monolithischer Strukturen unterschiedlicher Werkstoffe in einem Gesamtsystem, beschreiben Hybridbauweisen und hybride Bauteile den multimateriellen Aufbau einzelner und abgeschlossener Strukturen [1]. Durch die Kombination verschiedener Materialien in einer Struktur können lokale Bauteilanforderungen und -funktionen, wie z. B. Lastpfade, effizienter bedient und gleichzeitig Materialkosten gesenkt werden. Eine Herausforderung hybrider Bauteile ist die Herstellbarkeit. Bekannte und erprobte Prozesstechnik existiert bisher nur für monolithische Verfahren oder unter Einschränkung eines hohen manuellen Aufwands. Automatisierte und skalierbare Prozesse zur Herstellung hybrider Bauteile, die einen Serieneinsatz ermöglichen, sind für eine Etablierung der Technologie jedoch unabdingbar [2, 3].

Zur Herstellung hybrider Bauteile mit dominantem Kunststoffanteil eignen sich unterschiedliche Verfahrensansätze, die sich im Zeitpunkt der Verbunderzeugung unterscheiden. Das Post Mould Assembly (PMA) beschreibt diejenigen Prozessrouten, bei denen jede einzelne Komponente des Hybridverbunds zunächst einzeln hergestellt wird und erst im letzten Prozessschritt in einen Verbund überführt wird. Das In Mould Assembly (IMA) hingegen beschreibt jene Prozessrouten, bei denen die Verbundherstellung durch die ur- oder umformende Verarbeitung mindestens einer der Komponenten im Prozess geschieht und die relevante Grenzfläche somit im Prozess entsteht. Für das IMA eignen sich insbesondere das Umpressen und Umspritzen thermoplastischer Kunststoffe von ebenen Halbzeugen, wobei diese sowohl auf Basis von Kunststoffen oder Metallen vorliegen können. Das PMA impliziert durch einen weiteren Fertigungsschritt eine geringere Wirtschaftlichkeit, die jedoch durch geringere Prozessanforderungen und die Möglichkeit größerer Bauteilkomplexitäten kompensiert wird [4].

Hybride Materialkombinationen aus thermoplastischen Faserverbundwerkstoffen und metallischen Strukturen besitzen ein hohes Leichtbau- sowie wirtschaftliches Potenzial [5]. In der Forschung, insbesondere im Kontext der Automobilindustrie, wurden in den vergangenen Jahren Bauteile und Prozesstechnologien zur Herstellung hybrider Bauteile auf Basis thermoplastischer FVK untersucht [6, 7]. Für Anwendungen in der Automobilindustrie sind insbesondere Karosserie- und Anbauteile, wie Frontendmodule, Querträger, A- und B-Säulen der Seitenwände, aber auch Montageteile wie Sitze sowie auch Batterieträgersysteme und -gehäuse in hybrider Bauweise umgesetzt worden [3].

Im vorliegenden Forschungsvorhaben wird eine Batterieunterschale eines Plug-In-Hybriden („plug-in hybrid electric vehicle", PHEV) als Referenzsystem herangezogen. Während der Projektlaufzeit wurden vergleichbare Anwendungen auch im Rahmen anderer Forschungs- und Entwicklungsaktivitäten untersucht. Im Rahmen eines durch das Niedersächsische Ministerium für Wissenschaft und Kultur (MWK) unter dem Förderkennzeichen VWZN2990 geführten Vorhabens wurde ein funktionsintegriertes Batteriegehäuse für vollelektrische Fahrzeuge unter Verwendung einer Materialkombination aus Aluminiumschaum und Organoblech untersucht (Abb. 3.1, links; [8]). Im industriellen Bereich haben die Firmen NIO und SGL gemeinsam ein skalierbares Batteriegehäuse aus kohlenstofffaserverstärktem Kunststoff (CFK) in Sandwich-Bauweise entwickelt, das eine Gewichtsersparnis um 40 % gegenüber vergleichbaren Aluminiumgehäusen erreicht

Abb. 3.1 Funktionsdemonstrator FunTrog eines Batteriegehäuses bestehend aus einer Material-kombination aus Aluminiumschaum und Organoblech [8] (links). CFK-Batteriegehäuse in Sandwich-Bauweise der Firmen NIO und SGL [9] (rechts)

und ebenfalls für vollelektrische Fahrzeuge eingesetzt werden soll (Abb. 3.1, rechts; [9]). Beide dargestellten Batteriegehäuse unterscheiden sich zum hier behandelten Referenz-bauteil besonders hinsichtlich der geometrischen Komplexität, die mit einem Einsatz in einem PHEV verbunden ist (z. B. Tunnelaussparung für Abgasstrang).

In den folgenden Abschnitten werden die Grundlagen zur Entwicklung von Prozess-technologien für die Herstellung einer hybriden Batterieunterschale dargelegt. Dazu wer-den unterschiedliche Prozessrouten, wie das Hybridspritzgießen und das Fließpressen, in Kombination mit dem Thermoformen mit Organoblechen fokussiert. Dazu notwendige Prozessgrundlagen bilden auch die Kenntnis über das Materialverhalten während der Haupt- sowie Handhabungs- und Materialzuführungsprozesse. Zur Auslegung dieser Prozessrouten werden numerische Methoden eingesetzt, die detailliertes Wissen über das Materialverhalten voraussetzen. Daher werden neben den Grundlagen der Prozesstechno-logien auch diejenigen der Materialcharakterisierung sowie der Nebenprozesse diskutiert.

3.2 Materialcharakterisierung

Florian Bohne und Bernd-Arno Behrens

Das in diesem Projekt eingesetzte Organoblech besteht aus einem Glasfasergewebe mit Körperbindung und einer thermoplastischen Grundmatrix, die das Umformverhalten des Materialverbunds beeinflussen.

Die Formänderung des Gewebes in der Blechebene basiert hauptsächlich auf Sche-rung. Hierbei kommt es zu einer Verdrehung von zwei sich kreuzenden Faserbündeln im Kreuzungspunkt (auch bekannt als Trellis-Effekt [10]). Die sich einstellende Scher-spannung ist bei kleinen Scherwinkeln vergleichsweise gering. Mit Erreichen eines spezifischen Scherwinkels steigt der Scherwiderstand infolge einer gegenseitigen Blo-ckierung der Faserbündel signifikant an. Der entsprechende Winkel wird als Sperrwinkel bezeichnet.

Dieses Verhalten von Geweben wird durch die Scherspannungs-Scherwinkel-Kurve beschrieben. Zur Aufnahme dieser Kurve werden in der Literatur zwei Verfahren eingesetzt: Der Scherrahmenversuch und der sogenannte Bias-Extension-Test [11]. Beide Verfahren werden ebenfalls für die Charakterisierung gewebeverstärkter thermoplastischer Kunststoffe eingesetzt [12, 13].

Für den Scherrahmentest wird die quadratisch zugeschnittene Organoblechprobe in einen Rahmen, der in einer Zugprüfmaschine montiert ist, unter 45° zur Zugrichtung eingespannt und geschert. Die hierfür aufgewendete Kraft und der dazugehörige Traversenweg werden aufgenommen und im Anschluss in die Scherspannungs-Scherwinkel-Kurve umgerechnet. Für den Bias-Extension-Test werden streifenförmige Proben verwendet. Der initiale Winkel zwischen den Fasern und der Krafteinleitung beträgt 45°, sodass sich in der Probenmitte ein Bereich mit reiner Scherung einstellt. Der Traversenweg und die aufgezeichnete Kraft werden anschließend in die Scherspannungs-Scherwinkel-Kurve umgerechnet. Die Vergleichbarkeit der Ergebnisse wird für trockene Gewebe [14, 15] und für ein Gewebe mit einer PP-Matrix untersucht [13]. Die Autoren kommen zum Schluss, dass die Ergebnisse beider Tests nach einer Normalisierung vergleichbar sind. Die Formgebung des Organoblechs erfolgt oberhalb der Schmelztemperatur der thermoplastischen Matrix. Zur Berücksichtigung der Prozesstemperaturen erfolgt die Durchführung des Scherrahmentests und des Bias-Extension-Tests in der Regel in einer Temperierkammer, die eine homogene und konstante Prüftemperatur gewährleistet (eine detaillierte Beschreibung entsprechender Bias-Extension-Tests findet sich in [12]). Neben der Scherung in der Blechebene ist die Biegung außerhalb der Blechebene ein wesentlicher Deformationsmechanismus bei der Drapierung von Geweben. Entsprechende Verfahren zur Aufnahme des Biegeverhaltens von trockenem Gewebe werden in den Normen DIN 53362, DIN 3864, DIN EN ISO 9037-7 definiert [16]. DIN 53362 beschreibt das Freiträger- oder Cantilever-Verfahren, bei dem eine streifenförmige Gewebeprobe über eine Kante geschoben wird, bis der Überhang eine schiefe Ebene unter 41,5° berührt. Mithilfe der Überhanglänge kann die Biegesteifigkeit des Gewebes berechnet werden [17]. Um ebenfalls faserverstärkte thermoplastische Kunststoffe mit diesem Verfahren zu untersuchen, wurde ein Prüfstand entwickelt, mit dem in einer Temperierkammer die Biegesteifigkeit eines Organoblechs gemessen werden kann [18].

3.3   Verarbeitungsverfahren

Die gewählte Reihenfolge orientiert sich an der späteren Prozesskette zur Herstellung des gewählten Anwendungsbauteils (vgl. Kap. 5), beginnend mit der Handhabung und Materialführung im Formgebungsprozess, hin zur Umformung von imprägniert Geweben und Gelegen inklusive der zugehörigen Prozesssimulation. Da die spätere Prozesskette zweistufig mit einer zwischengeschalteten Beschnittoperation gestaltet sein wird, ist im Anschluss zunächst das Trennen von thermoplastischen Faserverbundwerkstoffen beschrieben. Abschließend wird der Stand der Technik zum Hybridspritzgießen mit thermoplastischer Faserverbundwerkstoffen dargestellt.

3.3.1 Handhabung und Materialführung von technischen Textilen

Christopher Bruns und Annika Raatz

Textile Halbzeuge, unabhängig davon, ob es sich um trockene, vorimprägnierte oder vollimprägnierte Textilen handelt, stellen besondere Herausforderungen an das automatisierte Greifen, das Handhaben und die Materialführung. Um das Textil im Formgebungsprozess verarbeiten zu können, muss dieses möglichst formlabil sein, da Verstärkungsfasern grundsätzlich nicht fließfähig sind. Organobleche werden zu Prozessbeginn dazu auf eine Verarbeitungstemperatur erwärmt. Die Verarbeitungstemperatur liegt im Allgemeinen bei etwa 40°C über der Polymerschmelztemperatur. Durch die aufgeschmolzene Matrix verliert das Organoblech seine Steifigkeit und wechselt in einen formlabilen Zustand. Der Umstand, dass sich das Organoblech jetzt unter Einwirkung geringer externer Kräfte bereits verformt, stellt besondere Anforderungen an das präzise Greifen und das genaue Positionieren auf dem Formwerkzeug. Ebenso neigen formlabile Textilen unter externer Last schnell zur Faltenbildung; besonders auf komplexen Formwerkzeuggeometrien mit Doppelkrümmungen. Um Falten im Prozess zu unterdrücken, haben sich verschiedene Konzepte zur passiven und aktiven Materialführung etabliert. Die wichtigsten Aspekte zur Handhabung und Materialführung werden in den folgenden Abschnitten erläutert und Vor- und Nachteile sowie Leistungsmerkmale vergleichend dargestellt.

3.3.1.1 Wirkprinzipien und Bauformen von Textilgreifern

Allgemein sind Greifer Teilsysteme von Handhabungsmechanismen. Sie stellen einen zeitlich begrenzten Kontakt zu einem Greifobjekt her [19]. Durch den Kontakt mit dem Objekt und dem Aufbringen einer definierten Greifkraft verliert das Greifobjekt während der Handhabung einen Teil oder alle seiner Bewegungsfreiheiten. Dadurch wird sichergestellt, dass die Position und die Orientierung des Greifobjekts stets bekannt ist und sich im Handhandhabungsprozess nicht unkontrolliert ändert. Dabei findet die Klassifizierung von Greifern über deren Greifmethode und das jeweilige physikalischen Greifprinzip statt. Die Greifmethoden lassen sich einteilen in aneinanderpressende Greifer (impactive), eindringende Greifer (ingressiv), grenzflächenhaftende Greifer (contigutiv) und anhaftende Greifer (astrictiv). Die Greifmethoden, die Anwendung in der Textilhandhabung finden, sind mit Beispielen und dessen zugehörigem Greifprinzip in Tab. 3.1 dargestellt.

Gemein haben dabei alle Greifer den Greifablauf. Für das automatisierte Greifen herrschen hohe Anforderungen an dessen Zuverlässigkeit. Dabei spielt eine Vielzahl von Faktoren eine wichtige Rolle. Einen Einfluss auf die Ausführung eines Greifers haben einerseits die Beschaffenheit des Greifobjekts (z. B. Oberflächenrauheit, Formlabilität etc.), anderseits auch die vor- und nachgeschalteten Prozessschritte der Materialzuführung und Weiterverarbeitung. Allgemein lässt sich der Greifablauf in sechs Schritte einteilen [20]:

Tab. 3.1 Klassifizierung von Greifertypen nach ihrem Wirkprinzip (nach [19])

Greifmethode	Greifprinzip	Beispiele und Anwendungen
Aneinanderpressend (impactive)	Reibung	Klemmen, Zangen
Eindringend (ingressiv)	Durchdringend Eindringend	Spitzen, Nadeln, Bürsten Widerhaken und Schlaufen
Grenzflächenhaftend (contigutiv)	Unterdruck Magnetadhäsion Elektroadhäsion	Vakuumsauger Permanentmagnet, Elektromagnet Elektrostatisches Feld
Anhaftend (astrictiv)	Thermisch Chemisch Flüssig	Einfrieren, Schmelzen Klebefolien Kapillareffekt, Oberflächen- spannung

1. **Annähern:** Greifer nähert sich dem Greifobjekt
2. **Kontaktaufnahme:** Greifer stellt einen Kontakt zum Greifobjekt her
3. **Aufbringen der Greifkraft:** Das Greifobjekt verliert eine definierte Anzahl an Bewegungsfreiheiten
4. **Handhaben des Greifobjekts:** Transport des Greifobjekts an den erforderlichen Ort
5. **Lösen des Greifobjekts:** Erfolgt in der Regel unter Zuhilfenahme der Schwerkraft

Diese simpel anmutende Schrittkette stellt allerdings bei der Handhabung formlabiler Textilen besondere Herausforderungen an die Greifprozessentwicklung. Als formlabil oder biegeschlaff werden Greifobjekte beschrieben, die eine Formänderung aufgrund ihrer sehr geringen Steifigkeit allein durch das Einwirken externer Kräfte, wie beispielsweise die eigene Gewichtskraft, die aufgebrachte Greifkraft, aber auch Trägheitskräfte zulassen. Dadurch können gerade die Prozessschritte Kontaktaufnahme, Handhaben und Lösen des Greifobjekts besonders problematisch im Sinn der Robustheit sein. Daher gilt es während des Greifprozesses folgendes zu beachten [20, 21]:

1. **Aufbringen der Greifkraft:** Die auf das Greifobjekt einwirkende Greifkraft kann zu einer Deformation des Greifobjekts führen. Aufgrund der Fehlpositionierung im Greifer kann es zu Fehlern im Folgeprozess kommen.
2. **Handhaben des Greifobjekts:** Durch den Trägheitseinfluss kann es bei Beschleunigung zu weiteren Formänderungen kommen. Dadurch sind auch Kollisionen mit der Umgebung möglich.
3. **Lösen des Greifobjekts:** Durch die gegebenenfalls unkontrolliert veränderte Form und Position des Greifobjekts im Greifer ist eine korrekte Platzierung oder Ablage eventuell nicht mehr möglich. Dies kann mögliche Folgeprozesse negativ beeinflussen.

Aus den besagten Herausforderungen haben sich daher in der Vergangenheit mannigfaltige Lösungen etabliert. Angefangen bei Spezialgreifern, die meist aus einem Baukastensystem aus Standardgreifern an die jeweilige Handhabungsaufgabe angepasst werden können [22], kamen später die Multivariantengreifer [23] hinzu, mit denen es möglich ist, gleich mehrere unterschiedliche Handhabungsoperationen auszuführen. Durch das modulare Baukastenprinzip werden standardisierte Komponenten, wie Profile, Rohre und Verbindungselemente, zu einem Greifer vereint. Dabei übernimmt jede einzelne Komponente auch nur eine Funktion. Können Greifgüter durch eine Familienbildung zusammengefasst werden, kann die Anzahl an Greifern für eine solche Handhabungsaufgabe mittels Multivariantengreifer reduziert werden. Das Greifsystem ist somit in der Lage, verschiedene Ausprägungen eines Bauteils zu handhaben, ohne dass der Greifer dafür gewechselt oder angepasst werden muss. Das Maximum an Funktionsintegration erreichen die sogenannten Universalgreifer [23, 24]. Sie können sich, wie der Name bereits suggeriert, individuell entweder aktiv oder passiv an die Form oder Beschaffenheit des Greifobjekts anpassen. Bei den Universalgreifern ist es daher auch möglich, Drapierfunktionalitäten über z. B. elastische Außenhäute zu realisieren und somit eine Vorform („preform") auf dem Formwerkzeug zu erzeugen.

3.3.1.2 Standardgreifer in der Textilhandhabung

Bei den Standardgreifern handelt es sich um Massenprodukte, die in ausreichend großer Stückzahl beim Hersteller gekauft werden können. Durch Profile und Verbindungselemente werden diese in der Greiferkonstruktion zu einem funktionsintegrierten Gesamtsystem vereint. Das Besondere bei der Handhabung von technischen Textilen mit thermoplastischer Matrix (Organoblech) ist der Phasenübergang der Polymermatrix von schmelzflüssig zu fest nach der Entnahme aus einer Erwärmungsstation. Dadurch kommt zu der Problematik der Formlabilität die der Abkühlung im Greifkontakt während der Handhabung hinzu. Aus diesem Grund sollte die Greifkontaktfläche möglichst so gestaltet werden, dass der Wärmeübergang vom Organoblech in die kühle Greiffläche besonders klein ist. Offensichtlich ist, dass ein anhaftendes Greifen durch einfrieren [25] nicht funktioniert. Aber auch adhäsive Folien [26] können aufgrund der schmelzflüssigen Oberfläche des Greifguts nicht eingesetzt werden. Kapillareffekte und Oberflächenspannung oder elektrostatisches Greifen [25] funktionieren nur bei sehr leichten und damit auch kleinen Greifobjekten. Grenzflächenhaftendes Greifen funktioniert mittels Vakuum, da weder die Kohlenstofffasern noch die Glasfasern magnetisch leitend sind. Bei den eindringenden Verfahren hat sich die Gruppe der Nadelgreifer [21, 27] etabliert. Aber auch ein Greifen durch Aneinanderpressen mit beispielsweise einem Zwei-Backen-Parallelgreifer ist durch die flächige Beschaffenheit von Geweben und Gelegen möglich [21]. Eine Auflistung der drei gängigen Greifertypen nach ihren Material- und Greiferkriterien bezogen auf die Brauchbarkeit des jeweiligen Greifers ist in Abb. 3.2 dargestellt.

Daraus wird ersichtlich, dass Vakuumgreifer unzureichend bei permeablen Greifobjekten geeignet sind. Aufgrund der Luftdurchlässigkeit der gewebten Fasern kommt es zur Leckage. Durch den kühleren Luftstrom durch das erwärmte Organoblech kommt es

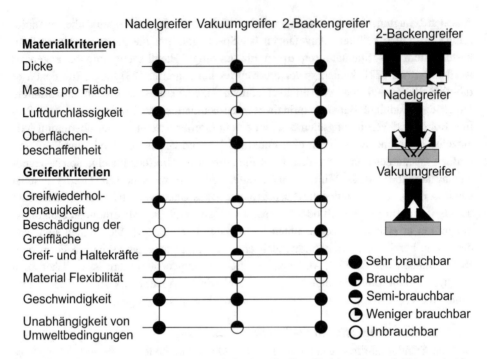

Abb. 3.2 Schematisches Prinzip von Zwei–Backen-Greifer, Nadelgreifer und Vakuumgreifer. (Nach [21])

partiell zum Erstarren der Matrix während der Handhabung. Überdies steigt der Energiebedarf. Durch die Gewebeperforierung im Einstichbereich der Nadeln beim Nadelgreifen kommt es zu einer Verdrängung der Fasern, was zu einer Materialschädigung führen kann. Allerdings werden durch den Formschluss besonders hohe Greif- und Haltekräfte erreicht. Zwei-Backen-Parallelgreifer zeichnen sich dadurch aus, dass sie beidseitig greifen und die Greiferbacken an den jeweiligen Anwendungsfall individuell angepasst werden können. Nachteilig ist, dass sie aufgrund des beidseitigen Griffs nur in einem geringen Abstand zum Rand des Organoblechs greifen können. Die hier gezeigten Standardgreifer dienen einzig der Handhabung von technischen Textilen und besitzen daher auch keine Materialführungsfunktionalitäten zum Vordrapieren oder Einleiten von externen Kräften zur Fehlstellenvermeidung im Rahmen der Fertigung.

3.3.1.3 Universalgreifer mit Materialführungsfunktionalitäten

Durch die hohe Anpassungsflexibilität ist insbesondere die Gruppe der Universalgreifer verstärkt Untersuchungsgegenstand diverser Forschungsvorhaben. Der Grund dafür ist der Wunsch nach einer universellen Lösung, mit der eine Vielzahl an möglichen Varianten gehandhabt werden kann, kombiniert mit der Fähigkeit, gleichzeitig (Vor-) Drapieroperationen durchführen zu können. Durch diese Vorformeigenschaften („preform" oder „preforming") können technische Textilen auf dreidimensional gekrümmte

Werkzeugoberflächen appliziert werden [28, 29]. Je besser das faltenfreie Drapieren des Textils durch den Universalgreifer auf dem Formwerkzeug gelingt, desto höhere Bauteilkomplexitätsgrade sind in der anschließenden Fertigung möglich. Die angesprochene Anpassungsflexibilität durch Formvariabilität wird dabei z. B. durch granulatbasierte Niederdruckflächensauger [24], Niederdruckflächensauger mit elastischer Außenhaut [29] oder Greifer mit adaptiven Gelenken [23] erreicht. Die Abb. 3.3 zeigt Beispiele für formvariable Textilgreifer aus dem Bereich der Forschung und Entwicklung.

Der Gittergreifer (Abb. 3.3a) besteht aus einem Vier-mal-vier-Raster aus flexiblen Streben, die über Scharniere miteinander verbunden sind. An den Streben wird die gewünschte Anzahl an Greifern befestigt. Um sich einer gekrümmten Werkzeugoberfläche anzupassen, werden die Streben seitlich fixiert und in der Mitte wird eine Kraft aufgebracht, die den Greifer krümmt. Der Schaumstoffgreifer besteht aus einer verformbaren Außenhaut und neigbaren Ecken zur Adaption an die Werkzeugoberfläche. Ein Beispiel mit diskreten Gelenken zur Formvariation bildet der adaptive Roboterendeffektor (Abb. 3.3c). In Abb. 3.3d ist ein granulatgefüllter formvariabler Niederdruckflächensauger dargestellt, der durch Unterdruck und dem Granulat verschiedene Formen annehmen und speichern kann. Aber auch modulare Flächensauger (Abb. 3.3e), hier mit insgesamt 127 individuell ansteuerbaren Greifereinheiten und rotationssymmetrische Niederdruckflächensauger (Abb. 3.3f) mit elastischer Außenhaut wurden bereits in der Textilhandhabung erfolgreich eingesetzt.

Mit den Greifsystemen in Abb. 3.3 ist es möglich, vollflächig und dadurch formstabil zu greifen (bis auf Greifsysteme in Abb. 3.3a und c) und anschließend das Textil auf ein Formwerkzeug zu drapieren. Dieser vollflächige Greifkontakt kann jedoch dazu führen, dass ein Organoblech, anders als im Vergleich zu einem trockenen Textil durch den Vollflächenkontakt schnell bis unter Schmelztemperatur abkühlt. Abhilfe können beheizbare

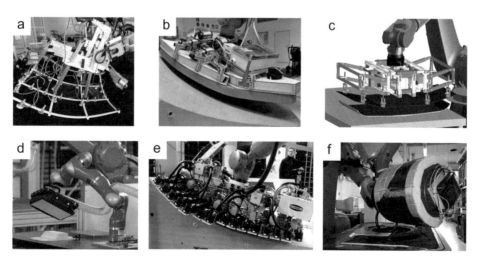

Abb. 3.3 Beispiele formvariabler Textilgreifer mit anpassbaren Greifflächen. (Nach [24, 29])

Greifflächen schaffen, um den Wärmeübergang zu verringern. Dadurch würde aufgrund der Adhäsionskräfte der schmelzflüssigen Matrix das Lösen des Greifobjekts wiederum zusätzlich erschwert. Ein generelles Problem durch die hohe Anpassungsfähigkeit der Greifer ist dessen Verhältnis von Bauraum zur Greifobjektgröße. Besonders großflächige Organoblechzuschnitte, wie sie in automobilen Serienanwendungen zum Einsatz kommen, wären dabei mit erheblichen Greiferabmessungen konfrontiert. Aus diesem Grund und der formwerkzeuggebundenen Organoblechverarbeitung rückt der Vorteil der Anpassungsfähigkeit von Universalgreifern in den Hintergrund. Neben den Universalgreifern existieren Systeme, die eigens für die Materialführung entwickelt wurden. Diese entstammen hauptsächlich dem Feld der Umformtechnik und bilden eine Zusatztechnologie zur formwerkzeuggebundenen Fertigung.

3.3.1.4 Materialführungssysteme

Für die kontrollierte, fehlstellenfreie Drapierung von endlosfaserverstärkten Textilen haben sich im Bereich der Umformtechnik insbesondere zwei, in mehreren Arbeiten erprobte Technologien zur Materialführung etabliert. Hier handelt es sich einerseits um die aus der Blechverarbeitung bekannte Technologie des Niederhaltens und anderseits um sogenannte Spannsysteme, bei denen der Zuschnitt häufig mit Federn an einem Rahmen befestigt wird. Die Abb. 3.4 zeigt fünf Beispiele für bereits umgesetzte Systeme aus dem Bereich der segmentierten Niederhalter und der Spannsysteme.

Die eingesetzten Niederhaltersysteme sind meistens in Segmente unterteilt, um besser an die anisotropen Materialeigenschaften angepasst werden zu können. Diese Segmente können unterschiedliche Ausprägungsformen annehmen. Angefangen bei einer Unterteilung der Niederhaltergeometrie in endlich kleine Segmente (Abb. 3.4c; [32]) haben sich auch Systeme aus Rollen (Abb. 3.4a; [30]) oder konzentrischen Ringen

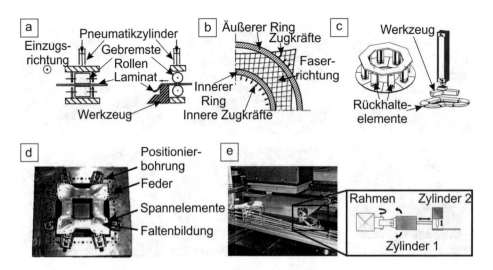

Abb. 3.4 Beispiel für umgesetzte segmentierte Niederhalter und Spannsysteme. (Nach [30–34])

(Abb. 3.4b; [31]), die das Material führen sollen, etabliert. Bei dem Rollenniederhalter in Abb. 3.4 handelt es sich um ein System mit paarweise angeordneten Rollen, die zur Materialführung eine Normalkraft durch einen Pneumatikzylinder auf das Organoblech ausüben. Durch die Zylinderkraft kann der Rollwiderstand eingestellt und so lokal eine entsprechende Rückhaltekraft eingeleitet werden. Der Ringniederhalter leitet zusätzliche Zugkräfte in gescherte Bereiche auf dem Gewebe durch seine konzentrisch umlaufenden Ringe ein. Dabei übt der äußere Ring nur Kräfte in ±45° Faserrichtung aus. Da gescherte Bereiche auf Geweben ohne Materialführung frühzeitig zu Faltenbildung neigen, kann durch die äußeren Radialkräfte in den gescherten Bereichen, die gegenläufig zur Einzugsrichtung wirken, das Drapierergebnis verbessert werden.

Die Materialführungsfunktionalität von Spannsystemen hingegen basiert nicht, wie bei Niederhaltern, auf einer druckinduzierten Reibkraft zwischen Niederhalter und Formwerkzeug. Bei den Spannsystemen wird der zu drapierende Organoblechzuschnitt meist mit Klemmen an Federn (Spannelemente) mit einem starren Rahmen verbunden (Abb. 3.4d; [34]). Durch das Schließen des Formwerkzeugs werden die Federn unterschiedlich stark ausgelenkt, wodurch eine gradierte Rückhaltekraft über den Umfang aufgebracht wird. Dabei ist zu beachten, dass die Federkraft mit zunehmender Auslenkung linear ansteigt. Die Bewegungsfreiheit jeder Feder ist hoch, sodass sie sich unkontrolliert in alle Raumrichtungen verschieben und verdrehen kann. Dies erschwert die Reproduktion der Drapierergebnisse. Die Entwicklung von Spannsystemen geht daher bis hin zu einfachen pneumatischen Systemen, die auch bereits Steuerungsfunktionalitäten zum Einstellen der Spannkräfte besitzen (Abb. 3.4e; [33]). In dem gezeigten Beispiel wird ein System aus einem starren Rahmen, zwei Drehgelenken, zwei Pneumatikzylindern und einem Klemmmechanismus eingesetzt. Dabei wird der Organoblechzuschnitt in Zylinder 2 eingespannt und, während das Formwerkzeug schließt, mittels Zylinder 1 mit konstanter Kraft nachgeführt.

Ähnlich wie bei den Universalgreifern haben Niederhalter den Nachteil, dass durch die flächige Induktion von Reibkraft mit zunehmender Abkühlung des Organoblechs zu rechnen ist. Spannsysteme, die über diskrete Krafteinleitungselemente die erforderliche Membranspannung induzieren, sind hier durch die kleinere Kontaktfläche ebenfalls im Vorteil.

3.3.2 Thermoformen und GMT-/LFT-Fließpressen

Moritz Micke-Camuz und Bernd-Arno Behrens

Die Untersuchungen zur Formgebung endlosfaserverstärkter Laminate geht bis in die 1980er-Jahre zurück. Die Umformmechanismen und der generelle Verfahrensablauf waren bereits zu Beginn des Projekts bekannt. Die Komplexität der erzielbaren Bauteilgeometrie galt allerdings als eingeschränkt.

Die Formänderung an eine vorgegebene dreidimensionale Geometrie wird bei zweidimensionalen Textilien als Drapierung bezeichnet. Hierbei erfolgt die Formänderung durch die Einwirkung der Schwerkraft oder durch andere äußere Kräfte, wie z. B. Zugkräfte an den Fasern oder erzeugte Reib- und Druckkräfte durch ein Formwerkzeug.

Ein echtes Tiefziehen, wie es in der Blechverarbeitung stattfindet, ist jedoch nur bedingt möglich, da die Fasern keine plastischen Deformationen zulassen. Die Verformung eines Organoblechs wird durch sogenannte Drapierungsmoden und Fließmechanismen hervorgerufen. Zu den Drapierungsmoden gehören Gewebescherung (Winkeländerung zwischen den Faserrichtungen), Faserstreckung (die Krümmung der gewobenen Fasern ändert sich unter Zugbeanspruchung), Faserdehnung aufgrund der minimalem Elastizität der Fasern und das Fasergleiten (Verschieben der Fasern gegeneinander). Die Fließmechanismen im Laminat werden hauptsächlich durch das interlaminare sowie rotatorische Gleiten (Abgleiten der Laminatschichten aufeinander) und intralaminare Gleiten (Scherung innerhalb einer Laminatschicht) bestimmt [30].

Durch den Kontakt mit dem temperierten Werkzeug (80–120 °C) kühlt das Organoblech während der Umformphase schnell ab. Ein Erstarren der Thermoplastmatrix des Organoblechs ist vor Abschluss des Umformprozesses zu vermeiden, da die Umformung durch vorzeitige Verfestigung der Matrix verhindert wird. Dadurch kann es zu einer Faserablenkung bei inneren Radien und zu Faserbrüchen bei äußeren Radien kommen [35]. Bei doppelt gekrümmten Geometrien tritt eine zusätzliche Schubspannung auf [36], die ein hohes Faltenbildungsrisiko verursacht. Diese Herausforderung kann durch die Optimierung des Rohteils und die Anwendung einer definierten Zugspannung während des Umformprozesses deutlich reduziert werden [35]. Rückhaltekräfte können durch den Einsatz von beheizten Niederhaltersystemen [37] oder lokal installierten Greifern [38] aufgebracht werden.

Das Fließpressen von glasmattenverstärkten Thermoplasten (GMT) und langfaserverstärkten Thermoplasten (LFT) ist in der Automobilindustrie bereits weit verbreitet [39]. Im Vergleich zum Spritzgießen lassen sich beim Fließpressen höhere Faserlängen im Bauteil erzeugen. Beim LFT-Fließpressen konnten bereits Faserlängen von bis zu 10 mm in Bauteilen nachgewiesen werden [40]. Mit steigender Faserlänge nehmen die Bauteilfestigkeit und Schlagzähigkeit zu (Abb. 3.5).

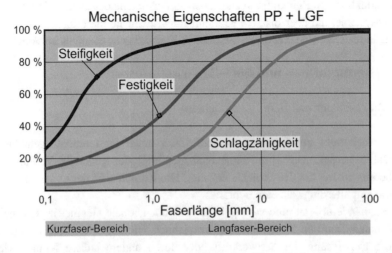

Abb. 3.5 Qualitativer Verlauf des normierten mechanischen Eigenschaftsniveaus [41]

Werkzeuge für das GMT-/LFT-Fließpressen verfügen über eine Tauchkante, die ein Austreten des Materials aus der Werkzeugform verhindert. Das Oberwerkzeug taucht gegen Ende des Pressvorgangs in das Unterwerkzeug ein. Dabei schließt die umlaufende Tauchkante die Kavität gegenüber dem Füllraum ab [42]. Längere Verdichtungszeiten unter Aufrechterhaltung der Presskraft erhöhen die mechanischen Eigenschaften und reduzieren den Leerstellengehalt durch Lufteinschlüsse. Höhere Werkzeugtemperaturen verbessern die Oberflächenqualität mit dem Nachteil längerer Prozesszeiten [43].

Der Untersuchungsschwerpunkt im Rahmen des Projekts lag auf der Kombination aus komplexer Organoblechumformung und GMT-Fließpressen von dreidimensionalen Verstärkungsstrukturen. Die Kombination aus endlosfaserverstärkten Kunststoffen und LFT verspricht ein hohes Leichtbaupotenzial, da sich durch die Einbringung von Endlosfasern die Wandstärke von LFT-Bauteilen reduzieren lässt. Aus imprägnierten, unidirektionalen Fasern (DU) lassen sich konturnahe Gelege erstellen, die im Anschluss mit der LF-Fließpressmasse verpresst werden [44]. Bei gleicher Wandstärke kommt es zu einer erhöhten Dauerfestigkeit. Zudem zeichnet sich diese Kombination durch eine verbesserte Schlagfestigkeit im Vergleich zu reinen LFT-Bauteilen aus [44].

3.3.3 Umformsimulation

Florian Bohne und Bernd-Arno Behrens

Für die Simulation von Drapierprozessen können unterschiedliche numerische Methoden angewendet werden. Relevant sind hierbei vor allem der kinematische und der kontinuumstheoretische Ansatz.

Die Abbildung des Umformprozesses mithilfe eines kinematischen Ansatzes ermöglicht die schnelle Analyse von geometrischen Flächen hinsichtlich ihrer Drapierbarkeit. Der Ansatz basiert auf vereinfachten mathematischen Gleichungen unter der Annahme eines inkompressiblen Materialverhaltens sowie einer konstanten Faserlänge. Bei dieser Betrachtung stellt Scherung den Hauptumformmechanismus dar. Für die Berechnung der Deformation muss ein Anfangspunkt und eine initiale Ablegerichtung vorgegeben werden. Mittels eines Algorithmus erfolgt die Ablage des ebenen Halbzeugs auf der dreidimensionalen Werkzeugoberfläche. Hierbei wird angenommen, dass Faltenbildung auftritt, wenn der lokale Scherwinkel den Sperrwinkel überschreitet. Mitunter treten bei diesem Verfahren große Abweichungen vom Realprozess auf [45]; daher eignet sich diese Methode nur eingeschränkt für die Abbildung von Umformprozessen, in denen sowohl komplexes Materialverhalten als auch komplexe Randbedingungen zu berücksichtigen sind [46]. Um diese Aspekte zu berücksichtigten, werden kontinuumsmechanische Ansätze herangezogen. Hierbei werden vor allem numerische Lösungsmethoden und insbesondere die Finite-Elemente-Methode eingesetzt.

Mithilfe der kontinuumstheoretischen Gleichungen kann das Materialverhalten auf Mikroebene [47, 48] sowie Mesoebene [48, 49] analysiert werden. Komplexe Umformprozesse, in denen neben mechanischen auch thermische Randbedingungen vorliegen, werden in der Literatur hingegen vorwiegend auf der Makroebene [49–51] abgebildet. Für die Abbildung des Materialverhaltens auf Mikro- sowie auf Mesoebene wird im Allgemeinen die Struktur des Materialverbunds in einem repräsentativen Volumen (RVE; [52]) mithilfe von Balken, Schalen sowie Volumenelementen modelliert. Mittels periodischer Randbedingungen erfolgt die Kopplung des RVE mit dem mechanischen Verhalten des Gesamtverbunds auf Makroebene. Dies erfordert eine große Anzahl an Freiheitsgraden, wodurch diese Betrachtungsweise tendenziell ungeeignet ist für komplexe und vor allem große Geometrien.

Für die Beschreibung des Materialverhaltens auf Makroebene wird die Struktur des Verbunds homogenisiert. In der Literatur finden sich verschiedene Modellierungsansätze zur Abbildung des Faser- und Matrixverhaltens. Zur Abbildung eines trockenen Gewebes wird ein hyperelastisches Materialmodell eingesetzt [53]. Um zusätzlich Relaxionseffekte während der Umformung berücksichtigten zu können, werden viskos-hypoelastische Werkstoffmodelle zur Beschreibung des Scherverhaltens in der Blechebene eingesetzt [50, 51]. Das in [54] und in dieser Arbeit verwendete Materialmodell MAT_249 des Simulationsprogramms LS-DYNA basiert auf einem anisotrop elastisch-plastischen Ansatz zur Modellierung des Gewebes. Dabei wird das nichtlineare Scherspannung-Scherwinkel-Verhalten berücksichtigt. Für die Abbildung der thermoplastischen Matrix wird ein isotrop elastisch-plastisches Materialmodell basierend auf einer von Mises Fließbedingung und einer assoziierten Fließregel eingesetzt [55]. Die Homogenisierung des Materialverbunds auf der Makroebene erfolgt mittels einer additiven Überlagerung beider Modelle.

3.3.4   Trennen thermoplastischer Faserverbundwerkstoffe

Anke Müller

Die trennende Bearbeitung thermoplastischer Faser-Matrix-Schicht-Verbunde bzw. Faserverbundkunststoffe (FVK) stellt eine besondere Herausforderung dar, die gegensätzliche Werkzeugeigenschaften für trennende Prozesse erfordert. So müssen einerseits hochharte Faserelemente wie Kohlenstofffasern oder Glasfasern getrennt werden, anderseits unter Wärmeeinfluss erweichende bzw. schmelzende Kunststoffe. Dabei ist zu unterscheiden, ob sich die Fasern im Schichtaufbau durch den Werkstoff als Werkstoffverbund ziehen oder als Verbundwerkstoff kontinuierlich durchmischt vorliegen. Wesentliche Arbeiten liegen vorrangig gemäß dem industriellen Interesse in der Bearbeitung kohlenstofffaserverstärkter Kunststoffe vor und/oder zu duroplastischen Laminaten oder Metall-Kunststoff-Hybriden, die sich jedoch aufgrund des unterschiedlichen Matrixverhaltens und der Faserhärte maßgeblich unterscheiden [56, 57].

Eine Fraunhofer-Marktstudie ergab den Einsatz der geometrisch bestimmten, spanenden Bearbeitungstechnologien Fräsen (95 %), Bohren (88 %), Sägen (27 %) und Drehen (22 %) als wesentliche industriell genutzte Fertigungsprozesse zum Trennen von FVK.

Alternativen wie das Wasserstrahlschneiden (5 %) und Laserstrahlschneiden (2 %) werden deutlich seltener eingesetzt ([57]; Abb. 3.6). Abrasive Verfahren wie Schleifen und Bürsten kommen im Wesentlichen zur Nachbearbeitung zum Einsatz, wenn Kanten optisch aufgewertet oder Oberflächen für Klebeprozesse vorbereitet werden müssen. Daher fokussierten sich die für die Bearbeitung in ProVor[Plus] infrage kommenden Prozesse auf die spanende Bearbeitung (Fräsen, Bohren), das Wasserstrahlschneiden und das Laserstrahlschneiden.

3.3.4.1 Spanende Bearbeitung von Faserverbundkunststoffen

Die spanende Bearbeitung faserverstärkter Kunststoffe stellt an die eingesetzten spanenden Werkzeuge, deren Geometrien und Beschichtungen hohe Anforderungen. Im Wesentlichen wird die Zerspanbarkeit faserverstärkter Verbundwerkstoffe von Matrix und der Verstärkungsfaser, dem Zusammenhalt zwischen den beiden, der Art, Anzahl, Lage und Ausrichtung der Fasern (Gewebe/Gelege, UD-Tape in der Matrix), dem Volumenanteil sowie dem Verhältnis von Faserlänge zu Faserdurchmesser ab [58]. Infolge der Abrasivität der Fasern gegenüber dem Schneidstoff werden konventionelle Werkzeuge schnell stumpf und erreichen ihr Standzeitende, daher sind diamantbeschichtete Hartmetallwerkzeuge im Industrieeinsatz üblich [59]. Um eine möglichst hohe Zähigkeit bei hoher Abrasivbeständigkeit zu erreichen, werden Feinstkornhartmetalle (K10) mit Polykristalliner-Diamant(PKD)-Beschichtung genutzt [56]. Eine besondere Geometrie aus ziehender und drückender Schneidkantenkontur durch gegensinnig gedrallte Werkzeuge ist erforderlich, um ein Ausreißen der Fasern zu verhindern und eine hohe Schnittkantenqualität zu

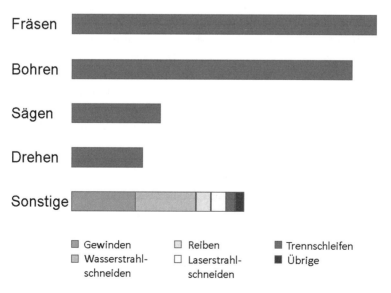

Abb. 3.6 Industriell eingesetzte Trennverfahren für Faserverbundkunststoff-Werkstoffe. (Nach [46])

gewähren. Dabei wird die Faser im Trennvorgang vorgespannt, die scharfe Schneidkante mit geringem Schneidkantenradius und geringer Schartigkeit trennt folglich die Faser. Die Werkzeuge neigen zur schnellen Zusetzung durch Ablagerungen der Kunststoffmatrix. Für das Bohren empfehlen sich spezielle Werkzeuge mit stark positivem Spanwinkel oder helixförmiges Fräsen [56].

Ergebnisse bezüglich zu wählender Schnittparameter und Werkzeuggeometrien in Abhängigkeit des Matrixkunststoffs und der Faser bzw. Faserorientierung finden sich in [60–62]. Die experimentelle Untersuchung der Bearbeitung glasfaserverstärkter Kunststoffe wurde erstmalig von Everstine und Rogers 1971 beschrieben [63]. Konsens vieler Arbeiten ist der bestimmende Einfluss der Schneidmechanismen der Faserstruktur. In der Literatur wird die spanende Bearbeitung durch Fräsen, Bohren, Nuten an FVK-Werkstoffen mit konventionellen Bearbeitungsparametern beschrieben. Entgegen vieler anderer Prozesse [64], in denen hohe Vorschübe zur Produktivitätssteigerung zu geringeren Werkstückstandzeiten führen, haben Uhlmann et al. und andere Autoren den Mehrwert der High-Speed-Cutting-Bearbeitung (hohe Vorschübe und Schnittgeschwindigkeiten) bei der Bearbeitung kohlenstofffaserverstärkter Kunststoffe nachgewiesen, indem sowohl die Werkstückqualität erhöht und der Ausschuss reduziert werden [58, 60, 65–67]. Die Ursache hierfür wurde in reduzierten Prozesskräften sowie veränderten Spanungsmechanismen festgestellt.

Abhängig von der Faserorientierung in Bezug auf die Schnittrichtung treten bei der Verbundbearbeitung häufig unterschiedliche grundlegende Versagensmodi auf: Faser-Zugbruch, Faser-Kompressionsdefekt, Matrix-Zugbruch und Matrix-Kompressionsdefekt [68, 69]. In der Regel treten die Versagensmodi in Kombination miteinander auf, wobei Faserknickung, Faserschneiden, Faserdelamination, Faserverformung, Scherung und Makrostruktur die Hauptmodi der Spanbildung sind ([69]; Abb. 3.7).

In industrieller Anwendung werden spanende Prozesse mehrheitlich mit Druckluftkühlung infolge der Erfordernis sauberer Bauteile und Arbeitsbereiche (z. B. für nachfolgendes Kleben), seltener auch mit Überflutungskühlung/-schmierung und Minimalmengenschmierung zur Erhöhung der Werkzeugstandzeiten eingesetzt [57]. Ursache hierfür ist die unzureichende Kenntnis der Auswirkungen der Nassbearbeitung auf die FVK-Werkstoffe sowie den fehlenden spezifischen Kühlschmierstoffrezepturen. Die kryogene Kühlmethodik wird bisher trotz hohem technischen Potenzial nicht eingesetzt. Daher gilt nach [57]: „Die Überflutungskühlung dient zuvorderst der Qualitätsverbesserung und dem Gesundheitsschutz der Maschinenbediener, da in diesem Fall gefährliche Stäube in der Flüssigkeit gebunden werden können". Da die Feuchtigkeitsaufnahme der in ProVor-Plus verwendeten Werkstoffe durch den Werkstofflieferanten als unkritisch bewertet wird, soll die Überflutungskühlung hier auch weiterführend betrachtet werden.

3.3.4.2 Wasserstrahlschneiden von Faserverbundkunststoffen

Wasserstrahl(abrasiv)schneiden wird alternativ zur spanenden Bearbeitung gewählt. Da hier keine dem Verschleiß unterliegenden Schneiden vorliegen, der Strahl eine nahezu punktförmige Geometrie aufweist, was in geringen Trennfugen und geringen Krümmungsradien resultiert und der Schnitt in jeder Richtung gleiche

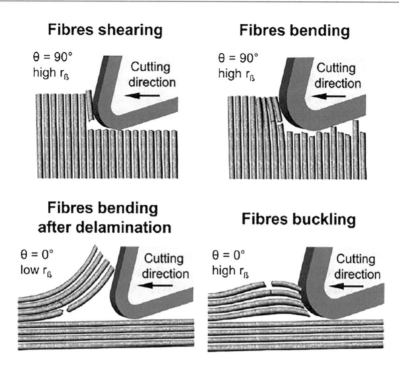

Abb. 3.7 Dominante Zerspanungsmechanismen bei der trennenden Bearbeitung von faserverstärkten Kunststoffen. (Nach [47, 68])

Schneideigenschaften aufweist, eignet sich das Wasserstrahlen auch für langfaserverstärkte Thermoplaste [56]. Die mechanische Last auf das Bauteil ist als gering einzustufen und Abtragprodukte werden im Wasser unmittelbar gebunden. Bei der Variante des Wasserstrahlabrasivschneidens wurde jedoch beobachtet, dass Matrixmaterial schneller abgetragen wird als Fasermaterial, was in sogenannten „Auswaschungen des Matrixwerkstoffes" resultiert und „größere Faserbereiche freilegt" [56]. Nachteilig und anlagentechnisch bedingt ist, dass eine Bearbeitung einer Doppellagigkeit bei Hinterschnitten etc. nicht möglich ist, da der Strahl folglich beide Werkstoffoberflächen trennt.

3.3.4.3 Laserstrahlschneiden

Frei von mechanischen Lasten kann mittels Laserstrahlschneiden gearbeitet werden. Die wesentlichen wissenschaftlichen Arbeiten fokussieren die Trennung von kohlenstofffaserverstärkten FVK [70, 71]. Zu den gebräuchlichsten und rentabelsten Verfahren zählen gepulste CO_2-Laser, Nd-YAG- und Faserlaser [56, 72]. Der Laserstrahl ermöglicht hohe Bearbeitungsgeschwindigkeiten, erfordert aber einen kurzen Arbeitsabstand und bietet – wie das Wasserstrahlschneiden auch – nur eine einseitige Zugänglichkeit bei Doppellagen. Gleichzeitig ist die Anlagentechnik als sehr kostenintensiv zu bewerten. Bei der Bearbeitung von FVK mittels Laserstrahl wurden thermische Schädigungen infolge eines im Material entstehenden Wärmestaus zwischen den Kurzpulsen beobachtet [69–71]. Um eine möglichst geringe Schädigung zu erreichen und die Fasern zu sublimieren, werden daher insbesondere bei Kohlenstofffasern hohe Laserintensitäten benötigt (bei CFK 108 W/cm^2). Bei verschiedenen Faserausrichtungen im Werkstoff resultieren aufgrund dieses Aufbaus Bereiche, in denen im Schnitt nur Matrixwerkstoff oder nur Faserwerkstoff vorliegt, die mit unterschiedlichen Zersetzungstemperaturen einhergehen. Infolgedessen wird keine homogene Schnittfläche erzeugt. Deutlich bessere Ergebnisse werden beim Trennen von aramid- und glasfaserverstärkten FVK erreicht [56].

Zusammenfassend bieten sich für das Trennen konsolidierter Faser-Matrix-Halbzeuge grundsätzlich spanende und spanlose Trennverfahren an: Erkenntnisse existieren aus der spanenden Bearbeitung mittels Fräsen und Bohren, mittels Laserschneiden, mittels Wasserstrahlschneiden sowie mittels Funkenerosion [56, 57]. Diesen Verfahren liegen verschiedene Trennmechanismen zugrunde, die beim Trimmen von Organoblechen in unterschiedlichen Schnittqualitäten und Materialabtragsraten resultieren.

Die Tab. 3.2 und die Abb. 3.8 stellen die wesentlichen Eigenschaften der drei Fertigungsverfahren für die trennende Bearbeitung von Organoblechen abschließend noch einmal gegenüber. Im Projekt wurde dies als Ausgangsbasis für vergleichende Untersuchungen der drei Technologien für den ProVor^{Plus}-Anwendungsfall genutzt.

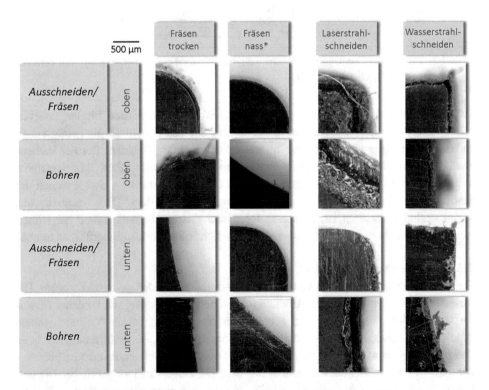

Abb. 3.8 Exemplarische Auswahl typischer Schnittflächenbeobachtungen beim Fräsen, Laserstrahlschneiden und Wasserstrahlschneiden von 2 mm PA6 GF66 Organoblech; * 1 mm Blechdicke

Tab. 3.2 Vergleichende Bewertung der Bearbeitungstechnologie für das Trimmen und Bohren der geformten Organoblechwanne; Bewertung: −1 = schlecht; 0 = akzeptabel, +1 = sehr gut (teilweise ergänzt in Anlehnung an [56])

Prozessanforderung	Spanende Bearbeitung mittels Fräsen, Bohren	Laserstrahlschneiden	Wasserstrahlschneiden
Bearbeitungsrandbedingungen	• Starke Materialdickenabhängigkeit • Durch Kühlschmierstoff Verbesserung erzielbar, dadurch aber Faserkontamination im Kühlschmierstoff • Aufspannungskonzept und ausreichende Spanabfuhr erforderlich, um Wannennachgiebigkeit und Spananhaftung mit Folge des Werkzeugversagens zu vermeiden • Schnittfuge entspricht weitestgehend Werkzeugdurchmesser • Kleinster Inneneckenradius abhängig von Werkzeugdurchmesser	• Starke Richtungsabhängigkeit der Trennqualität • Anschmelzen der Matrix erkennbar • Keine Gratbildung • Spaltabstand und Laserart maßgebend bei Bearbeitung • Kraftlose Bearbeitung, keine Abdrängung • Leicht konische Schnittfuge • Kleinster Inneneckenradius etwa 0,02 mm	• Starke Gratbildung • Nahezu kraftlose Bearbeitung, Aufspannung dennoch erforderlich • Leicht konische Schnittfuge • Kleinster Inneneckenradius etwa 0,05 mm
Bearbeitungsqualität	0 … 1	0	−1
Mechanische Last auf Bauteil	−1	+1	0
Bearbeitungsgeschwindigkeit*	−1	+1	0 … +1
Maschineninvest**	0	−1	+1
Verbrauchsmaterial***	0	+1	+1

Fortsetzung

Tab. 3.2 Fortsetzung

Prozessanforderung	Spanende Bearbeitung mittels Fräsen, Bohren	Laserstrahlschneiden	Wasserstrahlschneiden
Einsatzfähigkeit bei komplexen Konturen	+1	0	−1
Nutzung bei Hinterschnitten/Doppellage	+1	−1	−1

*Vergleich an Referenzgeometrie: 55 s Laserschneiden, 74 s Wasserstrahlschneiden, 4:50 min Fräsen

**Betrachtung bei Neuinvestition in Anlagentechnik, im Projekt waren zudem Wasserstrahlschneiden und Spanende Bearbeitung durch vorhandene Anlagentechnik günstig realisierbar

***bezogen auf Werkzeugkosten, Energiekosten und Strahlmittel

3.3.5   Hybridspritzgießen mit thermoplastischen Faserverbundwerkstoffen

Markus Kühn und Jan P. Beuscher

Das Spritzgießen ist eines der wirtschaftlichsten Verfahren der Kunststoffverarbeitung. Aus diesem Grund eignet sich dieses Verfahren in besonderer Weise für eine Verfahrenskombination zur Herstellung hybrider Bauteile. In dieser Anwendung wird vom Hybridspritzgießen gesprochen [73]. Wie bereits in Abschn. 3.1 beschrieben, können hybride Bauteile im Post-Moulding Assembly (PMA) und In-Moulding Assembly (IMA) hergestellt werden. Die IMA eignet sich in Kombination mit dem Spritzgießen, sofern das Verhältnis der Bauteilmaße zum hybriden Partner angemessen ist und keine deutlich erhöhten Werkzeuginvestitionskosten hervorruft. Beim Hybridspritzgießen werden die Hybridpartner in die Spritzgießwerkzeuge eingelegt, weshalb sie als Einleger bezeichnet werden. Die Integration dieser Einleger kann darüber hinaus in Insert-Technik und Outsert-Technik unterteilt werden. Beide unterscheiden sich dabei hinsichtlich der strukturellen Anforderungen, die an die metallische Komponente gestellt werden. Bei der Insert-Technik werden metallische Einleger für eine lokale Einleitung hoher Kräfte verwendet, wobei die strukturellen Bauteileigenschaften vom Kunststoff dominiert werden, der auch im Masseverhältnis überwiegt. Die Insert-Technik erfordert eine ausreichende Fixierung der Einleger, um eine fehlerhafte Formfüllung zu vermeiden. Dies kann entweder eine unzureichende Formfüllung oder Einbindung des Einlegers bedeuten oder auch ein unpräzises Überspritzen und mangelnde Abdichtung. Aus diesem Grund können Dichtflächen und Klemmbereiche über Werkzeugdichtflächen dargestellt werden oder auch federbelastete Vorspannelemente sowie Schieber und Klemmstifte eingesetzt werden [73]. Im Gegensatz dazu wird bei der Outsert-Technik zumeist eine Trägerplatine aus Blech mit Funktions- und Verbindungselementen aus Kunststoff angespritzt. Die strukturellen Bauteileigenschaften werden in diesem Fall von der Metallkomponente bestimmt [74]. Dabei werden die hohe Festigkeit und der hohe Elastizitätsmodul des metallischen Einlegeteils mit der hohen Gestaltungsfreiheit des Kunststoffs kombiniert und auf diese Weise großflächige und steife Bauteile hergestellt [75].

Einen Ansatz zur Kombination der beiden Techniken stellt eine Kunststoff-Metall-Hybridstruktur dar, in der die individuellen Materialcharakteristika von Metall und Kunststoff vor dem Hintergrund einer synergetischen Nutzung im Bauteil kombiniert werden. Auf diese Weise entstehen multifunktionale Leichtbaustrukturen, z. B. durch aufgespritzte Verrippungen an dünnwandigen Blechprofilen mit hoher Steifigkeit, die an typische Säulengeometrien von PKW-Seitenwänden angelehnt sind und für crashrelevante Lastfälle, wie Biegung und Torsion, ausgelegt werden [76, 77]. Entscheidend bei solchen integralen Hybridbauteilen ist eine optimale konstruktive Gestaltung kraft- und formschlüssiger Kunststoff-Metall-Verbindungen [77, 78]. Diese kann z. B. durch umspritzte Aussparungen im Metallblech sowie eine entsprechende Oberflächenvorbehandlung realisiert werden.

In Abb. 3.9 ist ein solcher hybrider Technologieträger dargestellt. Hierbei wurde ein Stahlblech zunächst mit einem Filmhaftvermittler versehen, bevor er zu einem Hutprofil umgeformt wurde. Dieses Hutprofil wurde nachfolgend im Spritzgießverfahren mit einem gefüllten, technischen Kunststoff funktionalisiert. Vorteilhaft zeigt sich hier das Torsionsverhalten, das durch die angespritzten Rippengeometrien gegenüber einem monolithischen Profil gesteigert werden konnte. Die Hybridisierung im Spritzgießverfahren wiederum ermöglicht eine wirtschaftliche Fertigung aufgrund geringer Prozesszykluszeiten [77].

Grundsätzlich ist bei der Fertigung hybrider Kunststoff-Metall-Verbundbauteile ein besonderer Fokus auf Bauteilspannungen nötig, die sowohl aus prozessinduzierten Eigenspannungen als auch betriebsbedingten Lastspannungen resultieren können. In diesem Zusammenhang ist der Lasttransfer von durch die Kunststoffkomponente ins Metall eingeleiteten äußeren Kräften auf weitere Baugruppen als besonders kritisch anzusehen [74].

Der Hybridspritzgießprozess kann auch mit Organoblechen durchgeführt werden [75]. Vorteilhaft zeigt sich in dieser Materialkombination, dass eine Einbringung von Haftvermittlern zur Anbindung nicht notwendig ist. Die Qualität der Verbundhaftung ist beim Hybridspritzgießen mit Organoblechen von verschiedenen Prozessparametern abhängig (Abb. 3.10; [79]). Gegenüber der Temperatur des eingespritzten Kunststoffs und der Temperierung des Formwerkzeugs ist der Einfluss der Temperatur des Einlegers dabei von ungleich höherer Bedeutung, da durch das Aufschmelzen des Organoblechs eine stoffschlüssig adhäsive Verbindung mit dem eingespritzten Kunststoff entstehen kann, die die Übertragung höherer Lasten im Bauteil ermöglicht [80].

Die Integration metallischer Komponenten beinhaltet bei allen Verfahrensvarianten des Hybridspritzgießens eine Vielzahl technologischer Herausforderungen vor allem in Bezug auf temperaturbedingte Interdependenzen. Zentrale Anforderungen, wie z. B. eine hohe Temperatur metallischer Einleger, stehen dabei zum Teil in Konflikt mit der Großserientauglichkeit des Gesamtprozesses. Bislang fehlen mithin ganzheitliche Ansätze zur bauteil- und taktzeitgerechten Harmonisierung der relevanten Prozessgrößen.

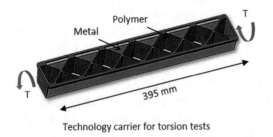

Process parameters and materials	
Metal	DX57+Z
Film-adhesive	nolax Cox 490-1
Film-application	Flatbed lamination
Polymer	PA6 GF30
Injection speed	69 cm³/s
Injection delay	30 s
Mould temperature	90 °C
Mass temperature	280 °C

Abb. 3.9 Spritzguss-Metall-Polymer-Technologieträger [77]

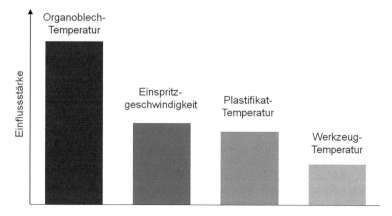

Abb. 3.10 Qualitativer Einfluss dominanter Prozessparameter beim Hybridspritzgießen. (Nach [79])

Literatur

1. Nestler, D. (2014). *Beitrag zum Thema Verbundwerkstoffe – Werkstoffverbunde. Status quo und Forschungsansätze.* Chemnitz: TU Chemnitz.
2. Henning, F., Weidenmann, K., & Bader, B. (2011). Hybride Werkstoffverbunde in Handbuch Leichtbau. In F. Hennig & E. Moeller (Hrsg.), *Handbuch Leichtbau, Methoden, Werkstoffe, Fertigung* (S. 413–428). München: Hanser.
3. Bader, B., Türck, E., & Vietor, T. (2019). Multimaterial design. A current overview of the used potential in automotive industries. In K. Dröder & T. Vietor (Hrsg.), *Technologies for economical and functional lightweight design. Zukunftstechnologien für den multifunktionalen Leichtbau.* Berlin: Springer Vieweg.
4. Henning, F., Weidenmann, K., & Bader, B. (2011). Fertigungsrouten zur Herstellung von Hybridverbunden. In F. Hennig & E. Moeller (Hrsg.), *Handbuch Leichtbau, Methoden, Werkstoffe, Fertigung* (S. 729–739). München: Hanser.
5. Bonnet, M. (2016). *Kunststofftechnik: Grundlagen, Verarbeitung, Werkstoffauswahl und Fallbeispiele.* Wiesbaden: Springer Vieweg.
6. Gorbach, G., Daberger, C., Föhner, A., Gude, M., Luft, J., & Troschitz, J. (2018). *ReLei – Fertigungs- und Recyclingstrategien für die Elektromobilität zur stofflichen Verwertung von Leichtbaustrukturen in Faserkunststoffverbund-Hybridbauweise, FOREL – Forschungs- und Technologiezentrum für ressourceneffiziente Leichtbaustrukturen der Elektromobilität.* Dresden: Institut für Leichtbau und Kunststofftechnik, TU Dresden.
7. A. *ProVor – Produktionstechnologie zur Vorkonfektionierung von FVK-Metall-Hybriden: Teilprojekt: Handhabungs- und Fügesysteme; Forschungscampus: Open Hybrid LabFactory e. V.; Schlussbericht; Berichtszeitraum: 15.03.2013 bis 14.03.2014.* Hannover: Technische Informationsbibliothek u. Universitätsbibliothek.
8. Schmerler, R., Gebken, T., Kalka, S., & Reincke, T. (2017). Funktionsintegriertes Batteriegehäuse für Elektrofahrzeuge. *Lightweight Design, 5,* 32–37, https://doi.org/10.1007/s35725-017-0047-y.

9. Siebel, T. (2019). CFK-Batteriegehäuse für Elektrofahrzeuge. SpringerProfessional. https://www.springerprofessional.de/verbundwerkstoffe/werkstoffrecycling/cfk-batteriegehaeuse-fuer-elektrofahrzeuge/16711252. Zugegriffen: 6. Juni 2019.
10. Weissenberg, K. (1949). The use of a trellis model in the mechanics of homogeneous materials. *Journal of the Textile Institute Transactions, 40*(2), T89–T110.
11. Lee, W., Padvoiskis, J., de Luycker, E., Boisse, P., Morestin, F., Chen, J., & Sherwood, J. (2008). Bias-extension of woven composite fabrics. *International Journal of Material Forming, 1,* 895–898.
12. Boisse, P., Hamila, N., Guzman-Maldonado, E., Angela Madeo, G., & Dell'Isola, F. (2017). The bias-extension test for the analysis of in-plane shear properties of textile composite reinforcements and prepregs: A review. *International Journal of Material Forming, 4,* 473–492.
13. Lebrun, G., Bureau, M. N., & Denault, J. (2003). Evaluation of bias-extension and picture-frame test methods for the measurement of intraply shear properties of PP/glass commingled fabrics. *Composite Structures, 61,* 341–352.
14. Taha, I., Abdin, Y., & Ebeid, S. (2013). Comparison of Picture Frame and Bias-extension Tests for the Characterization of Shear Behaviour in Natural Fibre Woven Fabrics. *Fibers and Polymers, 14*(2), 338–344.
15. Cao, R., Akkerman, P., Boisse, J., Chen, H. S., Cheng, E. F., Graaf, J. L., Gorczyca, P., Harrison, G., Hivet, J., Launay, W., Lee, L., Liu, S. V., Lomov, A., Long, E., Luycker, F., Morestin, J., Padvoiskis, X. Q., Peng, J., Sherwood, T., Stoilova, X. M., Tao, I., Verpoest, A., Willems, J., Wiggers, T. X. Y, & Zhu, B. (2008). Characterization of mechanical behavior of woven fabrics: Experimental methods and benchmark results. *Composites: Part A, 39*(6), 1037–1053.
16. Maron, B. (2016). *Beitrag zur Modellierung und Simulation des Thermoformprozesses von textilverstärkten Thermoplastverbunden*. Dissertation, TU Dresden, Dresden.
17. Cherif, C. (2011). *Textile Werkstoffe für den Leichtbau*. Berlin: Springer.
18. Liang, B., Hamila, N., Peillon, M., & Boisse, P. (2014). Analysis of thermoplastic prepreg bending stiffness during manufacturing and of its influence on wrinkling simulations. *Composites: Part A, 67,* 111–122.
19. Hesse, S., Monkman, G. J., Steinmann, R., & Schunk, H. (2004). *Robotergreifer, Funktion, Gestaltung und Anwendung industrieller Greiftechnik*. München: Hanser.
20. Fantoni, G., Santochi, M., Dini, G., Tracht, K., Scholz-Reiter, B., Fleischer, J., Lien, T. K., Seliger, G., Reinhart, G., Franke, J., Hansen, H. N., & Verl, A. (2014). Grasping devices and methods in automated production processes. *CIRP Annals, 63*(2), 679–701.
21. Seliger, G., Szimmat, F., Niemeier, J., & Stephan, J. (2003). Automated handling of non-rigid parts. *CIRP Annals, 52*(1), 21–24.
22. Bi, Z. B., & Zhang, W. J. (2001). Flexible fixture design and automation: Review, issues and future directions. *International Journal of Production Research, 39,* 2867–2894.
23. Straßer, G. (2012). *Greiftechnologie für die automatisierte Handhabung von technischen Textilien in der Faserverbundfertigung*. Dissertation, Technische Universität München, München.
24. Löchte, C. W. (2016). *Formvariable Handhabung mittels granulatbasierter Niederdruckflächensauger*. Dissertation, Technische Universität Braunschweig, Vulkan, Braunschweig.
25. Brecher, C., Emonts, M., Ozolin, B. & Schares, R. (2013). Handling of preforms and prepregs for mass production of composites. *19th International Conference on Composite Materials ICCM-19, 6,* 4085–4093.
26. Hawkes, E. W., Christensen, D. L., Han, A. K., Jiang, H., & Cutkosky, M. R. (2015). Grasping without squeezing: Shear adhesion gripper with fibrillar thin film. *International Conference on Robotics and Automation (ICRA),* 2305–2312.

27. Bruns, C., Bohne, F., Micke-Camuz, M., Behrens, B.-A., & Raatz, A. (2019). Heated gripper concept to optimize heat transfer of fiber-reinforced-thermoplastics in automated thermoforming processes. *Procedia CIRP, 79,* 331–336.
28. Dröder, K., Dietrich, F., Löchte, C., & Hesselbach, J. (2016). Model based design of process-specific handling tools for workpieces with many variants in shape and material. *CIRP Annals, 65*(1), 53–56.
29. Ehinger, C. A. (2012). *Automatisierte Montage von Faserverbund-Vorformlingen.* Dissertation, Lehrstuhl für Betriebswissenschaften und Montagetechnik der Technischen Universität München, München.
30. Breuer, U. (1997). *Beitrag zur Umformtechnik gewebeverstärkter Thermoplaste.* Dissertation, Technische Universität Kaiserslautern, Kaiserslautern.
31. Nakamura, Y., & Ohata, T. (1998). The effect of newly developed blankholder on press forming of glass-cloth reinforced thermo-plastic sheet. *Key Engineering Materials, 137,* 40–46.
32. Nezami, F. N. (2015). *Automatisiertes Preforming von Kohlefaserhalbzeugen mit aktiven Materialführungssystemen zur Herstellung komplexer Faserverbundstrukturen.* Dissertation, TU Dresden, Dresden.
33. Nowacki, J., & Neitzel, M. (2000). Thermoforming of reinforced thermoplastic stiffened structure. *Polymer Composites, 21*(4), 531–538.
34. Jehrke, M. (1995). *Umformen gewebeverstärkter thermoplastischer Prepregs mit Polypropylen- und Polyamid-Matrix im Preßverfahren.* Dissertation, RWTH Aachen, Aachen.
35. Bhattacharyya, D. (Hrsg.). (1997). *Composite sheet forming.* Amsterdam: Elsevier Science B.V.
36. Keilig, T. (2005). Determination of the forming behaviour of fabric prepregs depending on the type of fibre reinforcement and matrix using an appropriate rheological material model. *DLR Deutsches Zentrum für Luft- und Raumfahrt e. V. – Forschungsberichte, 24,* 1–172.
37. Hinenoa, S., Yoneyamaa, T., Tatsuno, D., Kimura, M., Shiozakia, K., Moriyasu, T., Okamoto, M., & Nagashima, S. (2014). Fiber deformation behavior during press forming of rectangle cup by using plane weave carbon fiber reinforced thermoplastic sheet. *Procedia Engineering, 81,* 1614–1619.
38. Guzman-Maldonado, E., Hamila, N., Naouar, N., Moulin, G., & Boisse, P. (2016). Simulation of thermoplastic prepreg thermoforming based on a visco-hyperelastic model and a thermal homogenization. *Materials and Design, 93,* 431–442.
39. Kurcz, M., Baser, B., Dittmar, H., Sengbusch, J., & Pfister, H. (2005). A case for replacing steel with glass-mat thermoplastic composites in spare-wheel well applications. Society of Automotive Engineers world congress: Technical paper.
40. Fang, X., Kloska, T., & Heidrich, D. (2019) Hybridpressen – Simultane Umformung von höherfesten Metallblechen mit langfaserverstärkten Thermoplasten für hybride Bauteile. *Tagungsband T-048 des 39. EFB-Kolloquiums Blechverarbeitung, 48.*
41. Rotter, M. (2016). Serienreife Langglasfaserverstärkte Thermoplaste. *Plastverarbeiter, 9*(16).
42. Menning, G. (2008). *Werkzeugbau in der Kunststoffverarbeitung – Bauarten, Herstellung, Betrieb* (5. Aufl.). München: Hanser.
43. Wakeman, M. D., Cain, T. A., Rudd, C. D., Brooks, R., & Long, A. C. (1999). Compression moulding of glass and polypropylene composites for optimised macro- and micro-mechanical properties II. Glass-mat-reinforced thermoplastics. *Composites Science and Technology, 59,* 709–726.
44. Grauer, D., Hangs, B., Reif, M., Martsman, A., & Tage, S. (2012). Jespersen improving mechanical performance of automotive underbody shield with unidirectional tapes in compression-molded Direct-Long Fiber Thermoplastics (D-LFT). *SAMPE Journal, 48*(3), 7–13.

45. Vanclooster, K., Lomov, S. V., & Verpoest, I. (2009). Experimental validation of forming simulations of fabric reinforced polymers using an unsymmetrical mould configuration. *Composites: Part A 40,* 530–539.
46. Allaoui, S., Boisse, P., Chatel, S., Hamila, N., Hivet, G., Soulat, D., & Vidal-Salle, E. (2011). Experimental and numerical analyses of textile reinforcement forming of a tetrahedral shape. *Composites: Part A, 42*(6), 612–622.
47. Niezgoda, T., & Derewonko, A. (2009). Multiscale composite FEM modeling. *Mesomechanics, 1*(1), 209–212.
48. Boisse, P., Zouari, B., & Gasser, A. (2005). A mesoscopic approach for the simulation of woven fibre composite forming. *Composites Science and Technology, 65,* 429–436.
49. Schuld, A. (2014). *Simulation des Verformungs- und Schädigungsverhaltens thermoplastischer Faserverbundwerkstoffe mittels parametrischer mehrskaliger Werkstoffmodelle.* Dissertation, Ruhr-Universität Bochum, Bochum.
50. Guzman-Maldonado, E., Hamila, N., & Naouar, N. (2016). Simulation of thermoplastic pre-preg thermoforming based on a visco-hyperelastic model and a thermal homogenization. *Materials and Design, 93,* 431–442.
51. Badel, P., Gauthier, S., Vidal-Sallé, E., & Boisse, P. (2009). Rate constitutive equations for computational analyses of textile composite reinforcement mechanical behaviour during forming. *Composites Part A, 40,* 997–1007.
52. Sun, C. T., & Vaidya, R. S. (1996). Prediction of composite properties form a representative volume element. *Composite Science and Technology, 56,* 171–179.
53. Aimène, Y., Vidal-Sallé, E., Hagège, B., Sidoroff, F., & Boisse, P. (2009). A hyperelastic approach for composite reinforcement large deformation analysis. *Journal of Composite Materials, 44*(1), 5–26.
54. Behrens, B.-A., Vucetic, M., Neumann, A., Osiecki, T., & Grbic, N. (2015). Experimental test and FEA of a sheet metal forming process of composite material and steel foil in sandwich design using LS-DYNA. *Key Engineering Materials, 651–653,* 439–445.
55. LSTC Technical Staff. (2017). *LS-DYNA keyword user's manual volume II Material Models LS-DYNA R10.0,* LSTC.
56. AVK – Industrievereinigung Verstärkte Kunststoffe e. V. (Hrsg.). (2013). *Handbuch Faserverbundkunststoffe/Composites. Grundlagen, Verarbeitung, Anwendungen,* Bd. 4. Wiesbaden: Springer Vieweg.
57. Esch, P., & Schneider, M. (2016). Marktstudie zur Zerspanung von faserverstärkten Kunststoffen, 6. IfW-Tagung „Bearbeitung von Verbundwerkstoffen", 20. Oktober 2016, Stuttgart. http://publica.fraunhofer.de/eprints/urn_nbn_de_0011-n-4701671.pdf. Zugegriffen: 11. Apr. 2019.
58. Alexandrakis, S., Benardos, P., Vosniakos, G. C., & Tsouvalis, N. G. (2008). Neural surface roughness models of CNC machined Glass Fibre Reinforced Composites. *International Journal of Materials and Product Technology, 32,* 276–294.
59. MAPAL. (2019). Fräsen faserverstärkten Kunststoffen, „Hohe Ansprüche beim Fräsen von faserverstärkten Kunststoffen,". Available: https://www.mapal.com/effekt/fibre-reinforced-plastics. Zugegriffen: 11. Apr. 2019.
60. M'Saoubi, R., Axinte, D., Soo, L., Nobel, C., Attia, H., Kappmeyer, G., Engin, S., & Sim, W. (2015). High performance cutting of advanced aerospace alloys and composite materials. *CIRP Annals – Manufacturing Technology, 64,* 557–580.
61. Gordon, S., & Hillery, M. T. (2003). A review of the cutting of composites materials, Proceedings of the institution of mechanical engineers, Part L. *Journal of Materials Design and Applications, 217*(1), 35–45.

62. Davim, J. P., & Reis, P. (2005). Damage and dimensional precision on milling carbon fiber-reinforced plastics using design experiments. *Journal of Materials Processing Technology, 160,* 160–167.

63. Everstine, G., & Rogers, T. (1971). A theory of machining of Fiber-Reinforced Materials. *Journal of Composite Materials, 5,* 94–106.

64. Xu, J., & Mansori, M. E. (2016). Cutting modeling of hybrid CFRP/Ti composite with induced damage analysis. *Materials, 9*(1), 67–70.

65. Sorrentino, L., & Turchetta, S. (2014). Cutting forces in milling of carbon fibre reinforced plastics. *International Journal of Manufacturing Engineering, 2014,* 1–8 (Hindawi Publishing Corporation).

66. Rubio, J. C. C., Abrao, A. M., Faria, P. E., Correia, A. E., & Davim, J. P. (2008). Delamination in high speed drilling of Carbon Fiber Reinforced Plastic (CFRP). *Journal of Composite Materials, 15,* 1523–1532.

67. Rawat, S., & Attia, H. (2009). Characterization of the dry high speed drilling process of woven composites using Machinability Maps approach. *CIRP Annals – Manufacturing Technology, 58,* 105–108.

68. Uhlmann, E., Richarz, S., Sammler, F., & Hufschmied, R. (2016). High speed cutting of carbon fibre reinforced plastics. *Procedia Manufacturing, 6,* 113–123.

69. Wang, D. H., Ramulu, M., & Arola, D. (1995). Orthogonal cutting mechanisms of graphite/epoxy composite. Part I-unidirectional laminate. *International Journal of Machine Tools and Manufacture, 35*(12), 1623–1638.

70. Onuseit, V., Freitag, C., Wiedenmann, M., Weber, R., Negel, J.-P., Löscher, A., Ahmed, M. A., & Graf, T. (2015). Efficient processing of CFRP with a picosecond laser with up to 1.4 kW average power. *Proceedings SPIE LASE, 9350.*

71. Herzog, D., Jaeschke, P., Meier, O., & Haferkamp, H. (2008). Investigations on the thermal effect caused by laser cutting with respect to static strength of CFRP. *International Journal of Machine Tools and Manufacture, 48*(12–13), 1464–1473.

72. French, P., Naeem, M., Wolynski, A., & Sharp, M. (2010). Fibre laser material processing of Aerospace Composites. *International Congress on Applications of Lasers & Electro-Optics, 2010*(1), 339–346.

73. Johannaber, F., & Michaeli, W. (2014). *Handbuch Spritzgießen.* München: Hanser.

74. Ridder, H., & Schnieders, J. (2007) *Hybridspritzgießen – Möglichkeiten und Grenzen.* Presented at Tagung Spritzgießen – Oberflächen von spritzgegossenen Teilen, Hybride Bauteile und Elektromechanik, May 4.–15. Düsseldorf: VDI-Verlag.

75. Baur, E., Osswald, T. A., Rudolph, N., Brinkmann, S., & Schmachtenberg, E. (2013). *Saechtling Kunststoff Taschenbuch.* München: Hanser.

76. Ehrenstein, G. W., Amesöder, S., Fernández Díaz, L., Niemann, H., & Deventer, R. (2003). Werkstoff- und prozessoptimierte Herstellung flächiger Kunststoff-Kunststoff- und Kunststoff-Metall-Verbundbauteile. *Tagungsband zum Berichts- und Industriekolloquium 2003 des SFB 396.*

77. Schnettker, T., Dreessen, P., Dröder, K., Vogler, C., Koch, D., Frey, T., Poller, B., Wedemeier, A., Vree, C., Kosowski, J., & Riss, D. (2019). Film-adhesives for polymer-metal hybrid structures from laboratory to close-to-production. *Technologies for economical and functional lightweight design.* In K. Dröder & T. Vietor (Hrsg.) *Zukunftstechnologien für den multifunktionalen Leichtbau.* Berlin: Springer Vieweg.

78. Zhao, G. (2001). *Spritzgegossene, tragende Kunststoff-Metall-Hybridstrukturen.* Dissertation, Erlangen: Univ. Erlangen-Nürnberg.

79. Bonefeld, D. (2012). *Kombination Von Thermoplast-Spritzguss Und Thermoformen Kontinuierlich Faserverstärkter Thermoplaste Für Crashelemente (SpriForm): Gemeinsamer Schlussbericht Zum BMBF-Verbundprojekt; Laufzeit des Vorhabens: 01.11.2007–31.03.2011.* Hannover: Technische Informationsbibliothek und Universitätsbibliothek.
80. Wacker, M., Ehrenstein, G. W., & Obermann, C. (2002). Schweißen und Um-spritzen von Organoblechen. *Kunststoffe, 92*(6), 78–81.
81. Roth, S., Reg, Y., Götz, P., Masseria, F., & Hühn, D. (2018). *Qualitätsgesicherte Prozesskettenverknüpfung zur Herstellung höchstbelastbarer intrinsischer Metall-FKV-Verbunde in 3D-Hybrid-Bauweise – Q-Pro* (S. 2018). Dresden: Plattform FOREL, Institut für Leichtbau und Kunststofftechnik, TU Dresden.
82. Wiedemann, S., Wessels, H., Wetterau, H., Eckstein, L., Schulte, T., & Modler, N. (2016). *Effiziente Mischbauweisen für Leichtbau-Karosserien: Abschlussbericht.* Dresden: Plattform FOREL, Institut für Leichtbau und Kunststofftechnik, TU Dresden.
83. A. (2014). *Abschlussbericht für das Projekt HYLEIF, TP3: Erforschung des Systemverhaltens von Hybrid-Leichtbau-Federbeinen: Projektlaufzeit: 01.05.2011 – 30.06.2014.* Hannover: Technische Informationsbibliothek und Universitätsbibliothek.
84. Kordi, M. T. (2009). *Entwicklung von Roboter-Endeffektoren zur automatisierten Herstellung textiler Preforms für Faserverbundbauteile,* Dissertation. Aachen: Rheinisch-Westfälischen Technischen Hochschule Aachen, Shaker.
85. Webera, R., Freitaga, C., Kononenkoc, T. V., Hafnera, M., Onuseita, V., Bergera, P., & Graf, T. (2012). Short-pulse laser processing of CFRP. *Physics Procedia, 39,* 137–146.
86. Jung, K.-W., Kawahito, Y., & Katayama, S. (2013). Ultra high speed laser cutting of CFRP using a scanner head. *Transactions of JWRI, 42*(2), 9–14.
87. Koch, T., & Schürmann, H. (2006). Spritzgussbauteile lokal verstärken. *Kunststoffe, 1*(2006), 55–58.
88. Goldbach, H. (1991). Pkw-Tür aus Kunststoff-Stahlblech-Verbund. *Kunststoffe, 81,* 634–637.

Teil II

Produktionsstrategien zur Herstellung von FVK-Metall-Hybriden

Referenzbauteil

4

Entwicklung einer Produktionsstrategie zur Herstellung komplexer Metall-FVK-Komponenten

Sierk Fiebig und Florian Glaubitz

Zusammenfassung

In diesem Kapitel werden zunächst das Referenzbauteil – wie es zurzeit für das Serienfahrzeug Passat GTE produziert und im Fahrzeug verbaut wird – dargestellt sowie die Ziele und Anforderungen für ein hybrides Substitutionsbauteil definiert. Um das Leichtbaupotenzial der zur Verfügung stehenden Werkstoffkombination optimal ausschöpfen zu können, werden verschiedene Konstruktionskonzepte entworfen und bewertet. Im Anschluss werden die Optimierung und die Auskonstruktion des favorisierten Konzepts bis hin zum Prototypenstand sowie der Crashsimulation beschrieben.

Als Referenzbauteil wurde in ProVor^{Plus} ein in Serie befindliches Batteriegehäuse definiert. Es handelt sich dabei um das Plug-In-Hybridsystem des Volkswagen Passat GTE (Markteinführung 2015). Das Batteriegehäuse enthält Kavitäten für die Batterieanschlüsse und den Abgasstrang sowie Versteifungselemente zur Erfüllung der Crashanforderungen. Das zu entwickelnde System soll tauschbar zum Seriensystem ausgeführt sein. Dies bedeutet, dass der gegebene Bauraum eingehalten wird sowie sämtliche Befestigungspunkte abgebildet werden müssen. Die Herstellbarkeit wird durch die vorgegebenen Bauteilrestriktionen stark beeinflusst. Weiterhin gelten sämtliche Lastenhefteigenschaften, wie z. B. Crasheigenschaften, Brandschutz, Dichtigkeit oder elektromagnetische Verträglichkeit (EMV). Die Hochvoltmodule werden dem Seriensystem entnommen und sind damit nicht Gegenstand der Konstruktion. Die Anforderungen wurden in einer Anforderungsliste gesammelt und regelmäßig aktualisiert und konkretisiert (Abb. 4.1).

S. Fiebig (✉) · F. Glaubitz
Volkswagen AG, Braunschweig/Wolfsburg, Deutschland
E-Mail: sierk.fiebig@volkswagen.de

© Springer-Verlag GmbH Deutschland, ein Teil von Springer Nature 2020
K. Dröder (Hrsg.), *Prozesstechnologie zur Herstellung von FVK-Metall-Hybriden*, Zukunftstechnologien für den multifunktionalen Leichtbau,
https://doi.org/10.1007/978-3-662-60680-3_4

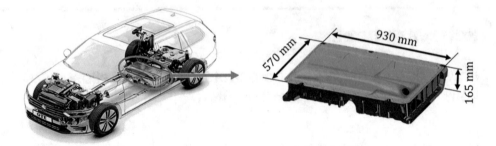

Abb. 4.1 Referenzbauteil: Batteriesystem Volkswagen Passat GTE

Hauptanforderungen an das Referenzbauteil in Hybridbauweise:

- 20 % Gewichtsreduzierung
- 20 % Fertigungskostenreduzierung
- Wettbewerbsfähige Bauteilkosten
- Einhaltung des zur Verfügung stehenden Bauraums
- Übernahme der Anbindungspunkte vom Serienstand
- Bestehen des Pfahlcrashs, Schlittencrashs und Pollertests
- Implementierung des Brandschutzes und des EMV-Schutzes
- Einhaltung der Vorgaben bezüglich der Dichtigkeit der Struktur

4.1   Funktionsanalyse des Referenzbauteils

Das Hybrid-Batteriesystem, das als Referenzbauteil in ProVor^{Plus} verwendet wird, soll unter Berücksichtigung der zu erfüllenden Funktionen analysiert werden. Unter Einbezug sämtlicher Aspekte der Anforderungsliste können die Aufgaben des Batteriegehäuses auf sechs wesentliche Kernaufgaben zusammengefasst werden:

Die Steifigkeit des Systems gewährleistet, dass die Hochvoltmodule sowohl in Betriebslast als auch in Sonderereignissen keine übermäßigen Beanspruchungen erfahren. Ein typischer Lastfall ist hierbei der Schlittentest, bei dem das Batteriesystem Beschleunigungen in einem definierten Zeitfenster ausgesetzt wird.

Weiterhin muss sowohl auf System- als auch auf Fahrzeugebene die Crashsicherheit erfüllt werden. Typischerweise kommt hierbei ein pfahlartiger Prüfkörper zum Einsatz. Die Aufgabe des Gehäuses ist es, die Hochvoltmodule vor Intrusion und Deformation zu schützen.

Durch eine ausreichende Dichtigkeit schützt das Batteriegehäuse die inneren elektrischen Komponenten vor Umwelteinflüssen wie Feuchtigkeit, Schmutz oder Staub. Schwer entflammbare Werkstoffe erhöhen darüber hinaus die Brandsicherheit. Weiterhin wird durch das Gehäuse ein Berührschutz sichergestellt. Mittels stromführender Außenflächen kann das Gehäuse vor emittierender und eindringender elektromagnetischer Strahlung schützen.

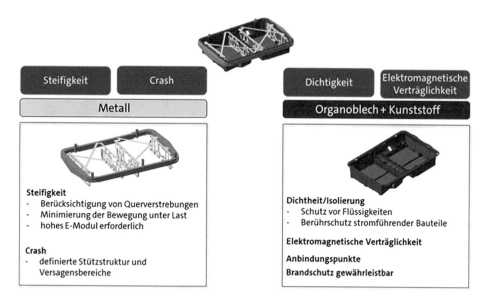

Abb. 4.2 Funktionen der Einzelkomponenten des Batteriegehäuses

Steifigkeit und Crashsicherheit werden sinnvollerweise durch metallische Werkstoffe realisiert. Dichtigkeit, Brandsicherheit, Berührschutz sowie EMV erfordern weder hohe Dichte noch ein hohes E-Modul. Hier können Kunststoffe das Leichtbaupotenzial heben (Abb. 4.2).

4.2 Konstruktionsszenarien

Im Rahmen eines Konzeptworkshops wurden Ideen aller Projektpartner gesammelt und im Anschluss mittels Konstruktionsmethodik zu drei Hauptkonzepten weiterentwickelt. Alle Konzepte wurden als CAD-Modell abgebildet und mittels Finite-Elemente-Methoden (FEM) bewertet. Die ausgewählten Konzepte beinhalten jeweils unterschiedliche technische Herausforderungen, die im Rahmen des Entwicklungsprojekts betrachtet werden. Es werden technisch anspruchsvolle Materialien bei den Konzepten verwendet, die durch neue innovative Fertigungsprozesse verarbeitet werden müssen, um eine wirtschaftliche Fertigung von hybriden Bauteilen zu ermöglichen (Abb. 4.3).

Konzept 1 Das Konzept besteht aus einem tiefgezogenen Blechformteil, dass die Batterieschale abbildet. Die Blechstruktur soll die Dichtigkeitsanforderungen erfüllen und eine Abschirmung gegenüber elektromechanischer Strahlung gewährleisten. Die Kunststoffgeometrie hat eine versteifende Funktion. Sämtliche Anforderungen bezüglich Crash soll von der Kunststoffgeometrie getragen werden. Durch die Kunststoffgeometrie ist eine hohe Funktionsintegration möglich. Die benötigten Befestigungspunkte können direkt beim Spritzgießprozess an das Bauteil angeformt werden. Eine zusätzliche und aufwendige Nachbearbeitung wie bei derzeitigen Aluminiumdruckgussvarianten entfällt.

Abb. 4.3 Konstruktionskonzepte für hybrides Batteriegehäuse

Konzept 2 Die Batterieschale wird aus einem Organoblech gefertigt. Das Organoblech besteht aus einem Fasergewebe mit einer Thermoplastmatrix. Zur Versteifung der
Batterieschale werden Rippenstrukturen im Bereich Tunnel und Flansch angespritzt.
Ein zusätzlicher Haftvermittler zwischen dem Organoblech und der Kunststoffstruktur
ist nicht erforderlich. Zur Erfüllung der Anforderungen gegenüber Crash werden Ver-
stärkungselemente im inneren und äußeren Bereich der Batterieschale beim Spritzgießprozess eingespritzt.

Konzept 3 Es handelt sich bei dem Konzept um eine Kunststoff-Metall-Hybrid-
Variante. Ein geformtes Organoblech mit einer angespritzten Kunststoffgeometrie
übernimmt die Funktion der Dichtigkeit. Durch den Kunststoffspritzguss ist eine hohe
Funktionsintegration möglich. Die Crashanforderungen werden durch den Einsatz von
Metallstrukturen erfüllt. Die Metallstrukturen können beim Spritzgießprozess mit ein-
gespritzt oder nachträglich montiert werden.

Die einzelnen Konzepte wurden untereinander verglichen und bewertet. Aufgrund
des größten Gewichtspotenzials und der wirtschaftlichen Betrachtung wurde das Konzept 3 für die weitere Entwicklung ausgewählt. Bei diesem Konzept kann das Material
anforderungsgerecht eingesetzt werden. Die Crashstruktur wird in einer Metallbau-
weise dargestellt. Durch den gezielten Einsatz von Kunststoff und Organoblech können
Dichtigkeit und Anbindungspunkte umgesetzt werden.

4.3 Bauteilentwicklung

Mit dem am besten bewerteten Konzept erfolgt eine detaillierte Auslegung und Konstruktion. Hierzu werden die Einzelkomponenten des Systems systematisch grup-
piert, um damit eine Struktur für das CAD-Modell zu bilden. Die Weiterentwicklung
erfolgt nun für die Kunststoffkomponenten, eine Metallstruktur und Metalleinleger

sowie für Organobleche. Mit zunehmendem Konstruktionsfortschritt steigt dabei die Komplexität. Das Kunststoffmaterial und der Organoblechtyp wurden im Konsortium konkretisiert und hinsichtlich Drapiersimulation und Materialkarten für die FEM-Simulation abgestimmt. In ersten Versuchen wurden ausgewählte Kennwerte für verschiedene Materialkombinationen ermittelt. Weiterhin wurden die Kosten sowie Verarbeitbarkeit für mögliche Fertigungskonzepte bewertet. Durch FEM-Simulationen des fortgeschrittenen Konstruktionsstands konnten neue Erkenntnisse hinsichtlich Steifigkeit, Kraftfluss und Materialrestriktionen gewonnen werden. Entsprechende Optimierungen wurden durchgeführt. Im Weiteren wurden die Prozessschritte zur Herstellung konkretisiert und von den verantwortlichen Konsortiumpartnern bewertet. Erforderliche Anpassungen konnten in der Geometrieweiterentwicklung berücksichtigt werden.

Beim Konkretisieren der Herstellungskette war die größte Konzeptanpassung das Verwenden eines ein- statt eines dreiteiligen Organoblechs. Die Entscheidung für die Anpassung wurde im Konsortium auf Basis von Vorversuchen zur Organoblechdrapierung sowie einer Kosten- und Risikobewertung des Werkzeugbaus gemeinsam beschlossen (Abb. 4.4).

Im Vergleich zu metallischen Werkstoffen weisen Kunststoffe geringere Dichten auf, jedoch sind die Festigkeits- und Steifigkeitseigenschaften von konventionellen Kunststoffen vergleichsweise suboptimal. Durch den Einsatz von Multimaterialverbunden wie z. B. Organoblechen können die mechanischen Eigenschaften von Kunststoffen verbessert werden. Hochfeste Faserbestandteile ermöglichen eine hohe Kraftaufnahme in Faserrichtung und wirken sich somit positiv auf die mechanischen Eigenschaften von Faserverbundkunststoffen aus. Der Einsatz von Organoblechen ermöglicht ein hohes Leichtbaupotenzial. Gewebe-, Gelege- oder Gestrickstruktur können für die jeweils gewünschte Festigkeit ausgelegt und damit sogar crashtesttauglich gemacht werden.

Weitere Änderungen der Prozessschritte bedingten entsprechende konstruktive Konzeptanpassungen. Diese mussten wiederum hinsichtlich ihrer Anforderungserfüllung insbesondere bezüglich der Crashlastfälle simulativ überprüft werden. Die Rückschlüsse zur Konzeptoptimierung der mechanischen Belastbarkeit aus den Simulations- und Optimierungsergebnissen wurden jeweils konstruktiv umgesetzt.

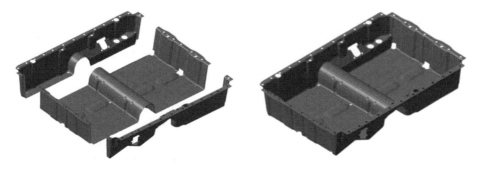

Abb. 4.4 Varianten der Organoblechschale

Die geforderte Steifigkeit im Pfahlcrash (120 kN) stellt eine maßgebliche Anforderung hinsichtlich der geometrischen Auslegung dar. Ein größtmögliches Leichtbaupotenzial kann hierbei nur durch ideale Kraftverläufe gewährleistet werden. Dies wurde durch spezielle Crashbügel realisiert, die im weiteren Strukturbauteile des ursprünglichen Konzeptstands ersetzen. Zudem wurde die Spritzgussgeometrie in mehreren Schleifen mit dem Werkzeugbau aus dem Konsortium fertigungs- und werkzeugkostentechnisch optimiert. Zu dieser Optimierung zählen z. B. die Entformungswinkel, Vermeiden von Materialanhäufungen und Taschengrößen. Zur Verringerung der Werkzeugkosten erfolgte in Bauteiloptimierungsschleifen eine Minimierung der Rippenanzahl und der höhe. Außerdem wurde die Konstruktion so angepasst, dass keine Schieber zum Erzeugen von Hinterschnitten notwendig sind.

4.4   Bauteiloptimierung

Auf Grundlage der Konstruktionszwischenstände konnten erste Optimierungspotenziale des Bauteils identifiziert werden. Die Benennung der Potenziale wurde durch neue Erkenntnisse in den Arbeitspaketen zur Organoblechumformung und Kunststoffanspritzung möglich. Die entsprechenden fertigungstechnischen Optimierungen wurden fortlaufend am Bauteil konstruktiv umgesetzt.

Durch simulative Untersuchungen konnte das Gewicht von Kunststoff- und Metallstruktur im Rahmen der Crash- und Festigkeitsanforderungen optimiert werden. Insbesondere die metallische Stützstruktur übernimmt hierbei einen wesentlichen Festigkeitsanteil. Für den Aufbau der Berechnungsmodelle wurden die Daten aus der Materialcharakterisierung sowie die Ergebnisse aus den Vorversuchen mit einbezogen. Anhand der Vorversuche konnten unter anderem Festigkeitswerte für die Verbindung von Organoblech zu Kunststoffspritzmasse ermittelt werden. Durch die Weiterentwicklung der Drapiersimulation und deren Abgleich mit einem realen Demonstratorbauteil war es möglich, die Fertigungseinflüsse wie Faltenbildung des Textils oder Scherungen bei der Konstruktion mit einzubeziehen. Der Zuschnitt des Organoblechs konnte durch positionsgenaue Freischnitte und einer Umgestaltung der Konturbereiche so optimiert werden, dass eine fertigungsgerechte Geometrie entstand, die den technischen Vorgaben entspricht.

Zur Versteifung der großflächigen Bodenbereiche wurden diese mit der Unterstützung eines Optimierungstools mit Sicken versehen. Hiermit wurde eine Versteifung ohne zusätzliches Gewicht z. B. durch eine Verrippung möglich. Durch eine Spritzgießsimulation mit Formfüllanalyse wurde die Herstellbarkeit der Kunststoffgeometrie überprüft. Die Analyse gibt Aufschluss über das Fließverhalten eines Kunststoffs. Problembereiche beim Füllen des Bauteils wurden hierdurch frühzeitig erkannt und konnten durch eine Fließwegoptimierung bzw. Positionierung oder Umgestaltung der Anspritzpunkte entfernt werden. Aufgrund der durchgeführten Bauteiloptimierungen wurde der Konstruktionsstand von allen Projektpartnern als technisch umsetzbar und fertigungstechnisch machbar befunden (Abb. 4.5).

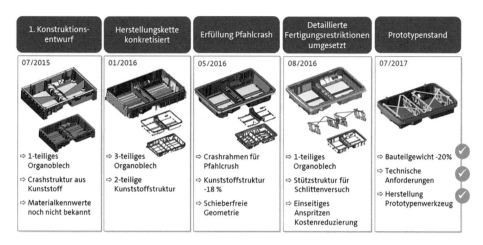

Abb. 4.5 Bauteilentwicklung

4.5   Prototypenstand

Das Ergebnis der Konstruktionsphase war ein Konzept, das anhand der wichtigsten Anforderungen sowie einer groben Kostenabschätzung zusammen mit dem Konsortium abgestimmt wurde. In dieses sind die Erkenntnisse aus den Crashberechnungen als auch die Restriktionen des Materialportfolios sowie die der möglichen Herstellungsprozesse und Rahmenplanrestriktionen eingeflossen (Abb. 4.6).

Das Konzept besteht aus einer einteiligen Organoblechwanne, die durch Kunststoffspritzguss verstärkt ist. Darüber hinaus werden durch den Spritzguss Dicht- und

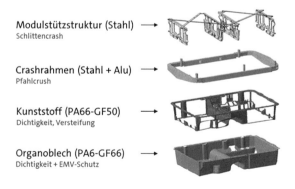

Modulstützstruktur (Stahl) → Schlittencrash	Modul-Stützstruktur	3,84 kg	22 %
Crashrahmen (Stahl + Alu) → Pfahlcrush	Crash Rahmen	9,33 kg	53 %
Kunststoff (PA66-GF50) → Dichtigkeit, Versteifung	Kunststoff	2,39 kg	13 %
Organoblech (PA6-GF66) → Dichtigkeit + EMV-Schutz	Organoblech	1,76 kg	10 %
	Inserts	0,39 kg	2 %

(GEWICHTSVERTEILUNG)

Referenzbauteil	100 %
ProVorPlus	**78 %**

Abb. 4.6 Aufbau Prototyp

technische Anforderungen eingehalten

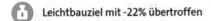
Leichtbauziel mit -22% übertroffen

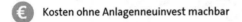
Kosten ohne Anlagenneuinvest machbar

Abb. 4.7 Prototypenstand

Anschraubflächen realisiert. Die innere modultragende Struktur ist aus S355-Stahl und weist ein lastpfadgerechtes Design auf. Die Herstellung erfolgt durch einen mehrstufigen Pressvorgang. Die über den Modulen liegenden Zugstreben gewährleisten eine zusätzliche Stabilität in Beschleunigungslastfällen. Das Batteriesystem wird von einem Crashrahmen umgeben. Fahrzeugseitig ist dieser als Schweißkonstruktion aus Stahlblechen gefertigt. Die längeren Seiten fahrzeug vorn und -hinten werden durch Aluminiumstrangpressprofile abgebildet. Die fünf Fahrzeuganbindungspunkte tragen zur Lastableitung bei und sind aus biegesteifen Hülsen gefertigt. Das Gewichtstarget von 20 % konnte durch diese Konstruktion um zwei Prozentpunkte übertroffen werden (Abb. 4.7).

4.6 Crash- und Steifigkeitsberechnung

Die frühzeitige Einbindung von rechnergestützten Modellierungen im Konstruktionsprozess ermöglicht eine hohe Qualität erster Prototypenteile. Bei den mechanischen Anforderungen an Batteriesysteme wird zwischen Fahrzeug- und Komponentenlastfällen unterschieden. Während bei Fahrzeuglastfällen die Batterie in der Fahrzeugstruktur verbaut ist, bilden Komponentenlastfälle die Batterie als Einzelkomponente ab. Bei Komponentenlastfällen handelt es sich dabei zumeist um vereinfachte Ersatzlastfälle, die die Lasten im Betrieb oder in Crashereignissen widerspiegeln. Entscheidender Vorteil der Betrachtung auf Komponentenebene ist es, dass die Versuchsumgebung sehr einfach realisierbar ist. Weiterhin kann die Batteriekonstruktion parallel zur Fahrzeugentwicklung verlaufen. In ProVor[Plus] wurden sowohl Simulation mit Fahrzeug als auch auf Komponentenebene durchgeführt (Abb. 4.8).

Um in einer Simulation das mechanische Verhalten von Kunststoffen, insbesondere solche mit Faserverstärkung, valide abzubilden, müssen die Simulationsrandbedingungen exakt beachtet werden. Das simulative Verhalten von Faserverbundkunststoffen und insbesondere hybriden Verbindungen ist bei dynamischen Beanspruchungen im Vergleich zu metallischen Werkstoffen teilweise unzureichend abgebildet. Abweichungen zwischen

Wesentliche Fahrzeuglastfälle	Komponentenlastfälle
Poller-Aufsetzen	Betriebsfestigkeit
Poller-Überfahrt	Schlittencrash
Seiten-, Front-, Heckcrash	Pfahlcrush

Abb. 4.8 Fahrzeug- und Komponentenlastfälle

Versuch und Simulation sind zumeist auf das zugrunde liegende Materialmodell des Kunststoffs zurückzuführen. Die bisherigen Materialmodelle haben meist Stahlwerkstoffe mit charakteristischen Spannungs-Dehnungs-Werten sowie isotropen und inkompressiblen Deformationsverhalten. Für viele Kunststoffe sind dies starke Vereinfachungen. Die teils ausgeprägte Volumendilatation erfordert ein kompressibles Plastizitätsmodell, in dem auch Anisotropien (z. B. durch Faserorientierungen) sichtbar sind. Neben Spritzguss können auch mehrlagige Blechbauteile Richtungsabhängigkeiten aufweisen (Organoblech). Darüber hinaus erfordern exakte Modellierungen zumeist einen hohen Entwicklungsaufwand, eine Vielzahl an Materialversuchen und weiterhin hohe Central-Processing-Unit(CPU)-Ressourcen. Die Herausforderung besteht nun darin, je nach Belastungssituation eine hinreichend exakte Abbildung der Bauteile und Verbindungen zu gewährleisten.

Die Organoblechwanne weist einen Aufbau aus vier Lagen auf. Die Faserorientierung jeder Lage ist dabei um 90° zueinander versetzt. Die Modellierung erfolgt mit Schalenelementen, wobei jedem Element eine Faserorientierung relativ zum globalen Koordinatensystem vorgeschrieben wird. Mittels Vorgabe des spezifischen Materialtyps lassen sich die verschiedenen Lagen beschreiben. Anzahl und Eigenschaften werden je Layer in sogenannten PLY-Karten festgehalten. Herstellungsbedingt kann es an Stellen hoher Umformungsgrade zum Bruch der Fasern kommen. An solchen Stellen wurde auf die Modellierung der Fasern verzichtet und stattdessen lediglich das Matrixmaterial eingesetzt. Im Postprocessing kann das Versagen einzelner Lagen untersucht werden (Abb. 4.9).

An das Organoblech wird stoffschlüssig der Kunststoffspritzguss angefügt. Simulativ ist dies durch eine sogenannte Tied-Verbindung umgesetzt. Die Versagenskennwerte der Verbindung entstammen den Ergebnissen von Abzugsversuchen. Der Kunststoff selbst erfordert durch die unterschiedlichen Wandstärkensprünge eine Modellierung mit Solidelementen. Um die Geometrie hinreichend genau abzubilden und um eine übermäßige Aussteifung zu vermeiden, wurde eine Elementkantenlänge von 1 mm gewählt. Mit knapp 9 Mio. Elementen ist dieses Bauteil somit maßgeblich für die Simulationsdauer. Zwischen den Bauteilen bestehen diverse Fügeverbindungen. Hier gilt es, eine hinreichend genaue Modellierung zu erreichen. Schweißverbindungen erhalten dabei eine Versagensbeschreibung mit Berücksichtigung der Wärmeeinflusszone. Die Hauptanschraubpunkte sowie die Verschraubungen des Crashrahmens werden mit exakten Schraubenmodellen abgebildet. Diese berücksichtigen die Schraubenvorspannkraft sowie mehrere Versagensebenen. Potenzielles Schraubenversagen in den Lastfällen kann damit detektiert werden (Abb. 4.10).

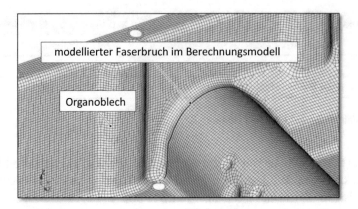

Abb. 4.9 Vierlagiges Organoblech mit modelliertem Faserbruch

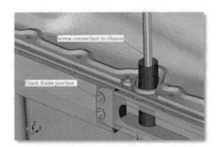

Detailliertes Schraubenmodell

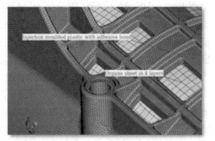

Verbindung Kunststoff / Organoblech

Berechnung Pfahlcrush mit Gesamtfahrzeug

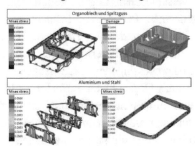

Lastfall Schlittencrash 60G

Abb. 4.10 Pfahl- und Schlittencrash

Produktionsstrategien

5

Entwicklung einer Produktionsstrategie zur Herstellung komplexer Metall-Faserverbundkunststoff-Komponenten

Jan P. Beuscher⬤, Anke Müller⬤, Raphael Schnurr, Kristian Lippky und Klaus Dröder⬤

Zusammenfassung

Im folgenden Kapitel werden Prozessstrategien zur großserientauglichen Produktion hybrider Bauteile entwickelt und Prozesskonzepte vorgestellt, die sich zur Herstellung komplexer Bauteile einer Vorkonfektionierung bedienen und lokal vorliegende Materialeigenschaften zur Automation von Handhabungsprozessen ausnutzen.

5.1 Strategien zur Produktion hybrider Bauteile

Der im Rahmen des Projekts verfolgte Ansatz einer großserientauglichen Produktion hybrider Leichtbaukomponenten basiert auf der Verwendung thermoplastischer und metallischer Halbzeuge in Kombination mit urformenden Verfahren der Kunststoffverarbeitung. Im Gegensatz zu Verarbeitungsverfahren duroplastischer Materialien erlauben thermoplastische Halbzeuge eine Entkopplung von Halbzeugherstellung und Formgebungsprozess. Aus einem solchen thermoplastischen Halbzeug erfolgt die Bauteilherstellung, indem zuvor aufgeschmolzene Zuschnitte in einem Formwerkzeug zu einem komplexen Bauteil umgeformt, konsolidiert und durch Anspritzen mit weiteren Funktionselementen finalisiert werden.

J. P. Beuscher (✉) · A. Müller · R. Schnurr · K. Dröder
Institut für Werkzeugmaschinen und Fertigungstechnik, Technische Universität Braunschweig, Braunschweig, Deutschland
E-Mail: j.beuscher@tu-braunschweig.de

K. Lippky
Institut für Füge- und Schweißtechnik, Technische Universität Braunschweig, Braunschweig, Deutschland

© Springer-Verlag GmbH Deutschland, ein Teil von Springer Nature 2020
K. Dröder (Hrsg.), *Prozesstechnologie zur Herstellung von FVK-Metall-Hybriden*, Zukunftstechnologien für den multifunktionalen Leichtbau,
https://doi.org/10.1007/978-3-662-60680-3_5

Der bauteilintegrierte Hybridansatz bezweckt den anforderungsgerechten Einsatz von Werkstoffen und bedingt daher die simultane Verarbeitung von Halbzeugen unterschiedlicher Werkstoffe. Konventionelle Verfahren wenden eine sequenzielle Bestückung der Formwerkzeuge mit Halbzeugen an, was in unproduktiven Nebenzeiten resultiert, die einer wirtschaftlichen Fertigung entgegenwirken. Des Weiteren erfordern die unterschiedlichen Werkstoffe differierende Prozess- und Verarbeitungsparameter, die eine erhöhte Prozesskomplexität bewirken. Während metallische Komponenten durch ihr plastisches Verhalten auch bei niedrigen Temperaturen umgeformt werden können, erfordern thermoplastische Halbzeuge eine Verarbeitung bei Temperaturen oberhalb der Schmelztemperatur. Aufgrund des kleinen Prozessfensters zwischen Schmelztemperatur und Zersetzung sowie hohen Abkühlraten der thermoplastischen Halbzeuge ist eine schnelle Verarbeitung und Umformung bis zur Endkonsolidierung notwendig. Langwierige Bestückungsvorgänge sind aus diesem Grund prozesstechnisch nicht möglich. Komplexe Geometrien, die mehrere Halbzeuge zur Ausgestaltung erfordern, können prinzipiell durch ein paralleles Bestücken von mehreren Seiten erreicht werden. Jedoch verhindern Bauraumrestriktionen zumeist die erforderliche Zugänglichkeit zum Werkzeug [1, 2].

Zur Herstellung hybrider Strukturen in einem solchen kombinierten Um- und Urformprozess sind die folgenden Anforderungen bei der Werkzeugbestückung zu erfüllen:

- Minimierung der Anzahl und Dauer von Einzeloperationen
- Sicherstellung der erforderlichen Verarbeitungsparameter, insbesondere Verarbeitungstemperatur und -geschwindigkeit
- Taktzeitgerechte Materialbereitstellung

Lösungsansätze für diese produktionstechnischen Herausforderungen und Untersuchungen zu diesen Fertigungsprozessen wurden über die Projektlaufzeit in verschiedenen Veröffentlichungen erläutert und hier konsolidiert dargestellt (vgl. Kap. 17).

5.2 Entwicklung von Produktionsszenarien mit Vorkonfektionierung

Ziel der Arbeiten ist daher die Verfolgung verschiedener Lösungswege, die gleichermaßen die effiziente Bestückung als auch die materialgerechte Verarbeitung berücksichtigen. Das kann erreicht werden, indem anstelle mehrerer Halbzeugzuschnitte ein einziger hybrider Vorformling in das Werkzeug eingelegt wird. Dieser wird in einem automatisierten Prozessschritt, der sogenannten Vorkonfektionierung, hergestellt und zur Weiterverarbeitung vorbereitet. Die Abb. 5.1 zeigt das entwickelte Produktionsszenario, bei der zunächst ein hybrider Vorformling aufgebaut und nachfolgend taktzeit- und materialgerecht weiterverarbeitet wird [3].

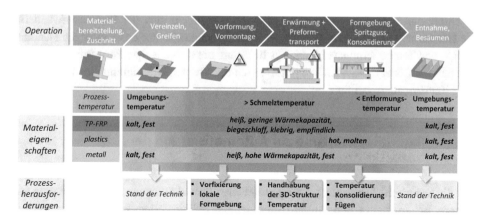

Abb. 5.1 Produktionsszenario der Hybridbauteilherstellung mit einem Vorkonfektionierungsprozess und daraus resultierenden Material- und Prozessanforderungen [3]

Im ersten Prozessschritt werden thermoplastische und metallische Halbzeuge bereitgestellt. Durch automatisierte Greif-, Positionier- und Fixieroperationen wird hieraus ein hybrider Vorformling vorkonfektioniert. Zum Fixieren kann die thermoplastische Matrix aufgeschmolzen, an den Fügepartner gepresst und abgekühlt werden. Andere untersuchte Lösungswege nutzen form- oder kraftschlüssige Verbindungen zwischen den Halbzeugen, die sich die vorhandenen Werkstoffeigenschaften jeweils zunutze machen. Die Vorkonfektionierung kommt dabei ohne Zusatzwerkstoffe aus, erlaubt kurze Prozesszeiten und stellt ausreichende Festigkeiten für die folgenden Handhabungs- und Lagerungsoperationen des Vorformlings sicher.

Spätestens für die nachfolgende Weiterverarbeitung müssen die thermoplastischen Halbzeuge vollständig aufgeschmolzen werden. Einerseits fordern Materialhersteller die vollstände Erwärmung und finale Endkonsolidierung ihrer Materialien, andererseits bedingt die Formgebung aus einer Platte zu einer dreidimensional verformten Schalengeometrie dies zwingend. Zur Anbindung von Spritzguss an die Halbzeuge ist eine entsprechende Temperaturführung empfehlenswert, jedoch ist die konkrete Ausgestaltung abhängig von den erforderlichen Festigkeitswerten. Für die Erwärmung ergeben sich verschiedene Ansätze. Eine variotherme Werkzeugtemperierung im Formgebungsprozess ist aufgrund seiner damit verbundenen zeitlichen Trägheit, erhöhter Werkzeugkosten und Bauteildimensionen nicht wirtschaftlich für diesen Anwendungsfall. Möglichkeiten der Parallelisierung hingegen bietet die durch die Forscher verfolgte externe Erwärmung des Vorformlings außerhalb des Werkzeugs über die Schmelztemperatur. Hierfür wird der Vorformling in einem Umluftofen schonend und vollflächig über Schmelztemperatur erhitzt. Durch das Überhitzen wird sichergestellt, dass der Vorformling nach dem Transport in das Werkzeug die erforderliche Verarbeitungstemperatur besitzt. Anschließend erfolgen die Umformung und das Anspritzen von Funktionselementen an den erwärmten Vorformling.

Durch das beschriebene Produktionsszenario reduziert sich der Prozessaufwand für die Bestückung des Werkzeugs auch für komplexe Bauteile auf einen einzigen Handhabungs- und Temperierungsvorgang. Zur Erfüllung der sich aus dem Formgebungsprozess ergebenden Taktzeitvorgaben kann im Bereich der Vorkonfektionierung eine Parallelisierung implementiert werden.

5.3 Materialausnutzung zur Automatisierung der Prozesskette

Für die technische Umsetzung des beschriebenen Produktionsszenarios ist eine prozesssichere Beherrschung und Automatisierung der Schnittstellen zwischen den Einzelprozessen, insbesondere zwischen der Vorkonfektionierung und der Formgebung, von entscheidender Bedeutung. Die Schnittstelle beinhaltet die Entnahme des Vorformlings aus der Erwärmungseinheit, den Transport und das Positionieren im Formwerkzeug. Aufgrund der verwendeten Materialpaarung ergeben sich eine Reihe automatisierungstechnischer Herausforderungen, die im Folgenden näher erläutert werden.

Bei der Erwärmung des Vorformlings auf Verarbeitungstemperatur findet in den thermoplastischen Bereichen ein Phasenübergang in einen zähviskosen Zustand statt. Das daraus resultierende biegeschlaffe Verhalten der Halbzeuge erschwert die prozesssichere Handhabung in definierter Position und bei der Abstützung gegen Durchbiegung. Zum anderen darf die verwendete Handhabungstechnik, z. B. Nadel- oder Vakuumgreifer, durch ihre Wirkweise das Halbzeug im aufgeschmolzenen Zustand nicht schädigen oder unter die Verarbeitungstemperatur abkühlen. Da sich durch die Erwärmung die in der Vorkonfektionierung hergestellte Verbindung lösen kann, muss die Vorfixierung der Halbzeuge in ihrer Position während des Transports zum Werkzeug weiter sichergestellt werden. Hier ergibt sich ein Zielkonflikt zwischen Fixierung sowie Konservierung des vorkonfektionierten Zustands mit der Vermeidung von Temperaturverlusten.

Das Material der Hybridstruktur kann an dieser Stelle instrumentalisiert werden, um die Komplexität der Handhabung zu reduzieren und den Zielkonflikt zu entschärfen. Eine metallische Struktur zur Erfüllung strukturmechanischer Bauteilanforderungen kann frühzeitig in der Vorkonfektionierung in den Vorformling integriert werden und führt zu einer erhöhten Stabilität bereits während der Handhabung. Bei einer schon während der Bauteilkonstruktion berücksichtigten Automatisierbarkeit beeinflussen solche Stützstrukturen somit nicht nur die strukturmechanischen Eigenschaften und -funktionen der Bauteilnutzungsphase, sondern wirken sich auch im Produktionsprozess positiv auf die Prozessbeherrschung aus. Im erwärmten Zustand des Vorformlings lässt sich so ein direkter Kontakt zwischen thermoplastischem Halbzeug und Handhabungstechnik gänzlich vermeiden und die technische Komplexität reduzieren, da die Metallstruktur eine robuste Schnittstelle zur Handhabungstechnik bildet und gleichzeitig den Vorformling abstützen kann. Die Wahrscheinlichkeit einer Beschädigung des Halbzeugs und einer lokalen Abkühlung während des Transports zwischen Ofen und Werkzeug wird dadurch verringert. Die Abb. 5.2 zeigt schematisch die Integration einer metallischen Stütz-struktur zur Funktionsintegration im vorgestellten Produktionsszenario. Hierbei ist zu erkennen, dass eine strukturell erforderliche Metallstruktur positive Auswirkungen auf die Formstabilität des Vorformlings hat und so zu einer Effizienzsteigerung führen kann. Eine darüber hinausgehende Einbringung formschlüssiger Verklammerungsstrukturen erhöht zusätzlich die Kraftübertragung zwischen beiden Halbzeugen [4].

5.4   Prozesskombination Thermoformen und Spritzgießen

In der finalen Formgebung des hybriden Bauteils wird eine Prozesskombination von Thermoformen und Spritzgießen zu einem vollintegrierten Prozessschritt angestrebt, was auch als One-Shot-Prozess bezeichnet wird. Vorteile von One-Shot-Prozessen sind die Reduktion von Einzelprozessschritten und somit die Minimierung von Zykluszeiten. Dem gegenüber stehen jedoch erhöhte Anforderungen aufgrund von technologischen Restriktio-nen und einer enorm steigenden Prozesskomplexität. So existieren einzelne One-Shot-Pro-zesse für hybride Bauteile, deren geometrische Komplexität hinsichtlich von Umformgraden, Größe und Beschnitt als gering einzuschätzen sind. Oftmals ist das Drapierverhalten der thermoplastischen Halbzeuge noch nicht im Grenzbereich ausgenutzt worden oder zu besäumende Ränder werden in einem größeren Toleranzbereich durch Spritzguss kompen-siert. Freistellungen oder Beschnitt finden sich bisher nicht in solchen Werkzeugsystemen.

Im vorliegenden Projekt wurden sowohl One- als auch Two-Shot-Prozesse erstmalig vergleichend betrachtet und auf Demonstratorebene Untersuchungen durchgeführt. Die Ergebnisse dieser Vergleichsuntersuchung sind in Kap. 12 erläutert. Mit beiden Prozess-strategien ist eine erfolgreiche Herstellung hybrider Bauteile möglich, dennoch unter-scheiden sie sich in ihren Zykluszeiten, dem technologischen Aufwand zur Herstellung der Formwerkzeuge sowie den daraus resultierenden Werkzeug- bzw. Prozesskosten. Die grundsätzliche Prozessführung folgt dem Ansatz aus Abb. 5.1 und wurde auf den speziel-

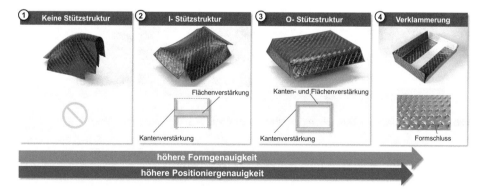

Abb. 5.2 Darstellung der Stützwirkung metallischer Strukturen (1–3) und Verklammerungs-strukturen (4) in hybriden Vorformlingen [4]

len Fall des Bauteildemonstrators des Batteriegehäuses adaptiert. Der Prozess beginnt sowohl für den One- als auch für den Two-Shot-Prozess mit der Materialbereitstellung. Anschließend wird das Halbzeug in einem Infrarot- oder Umluftofen auf seine Zieltemperatur erwärmt. Sobald diese erreicht ist, wird das Halbzeug dem Ofen entnommen und mit einem Greifer in das Formwerkzeug drapiert sowie anschließend umgeformt und konsolidiert. Nach diesem Schritt unterscheiden sich beide Prozessstrategien.

Im One-Shot-Prozess folgt unmittelbar die Weiterverarbeitung im Spritzgießprozess, bevor das Bauteil entformt und finalisiert wird. Im Two-Shot-Prozess folgt nach der Konsolidierung im Vorformwerkzeug entsprechend der Prozessroute in Abb. 5.3 die Entformung mit externem Beschnitt der überstehenden und freizustellenden Materialbereiche. In Abhängigkeit der zu erzielenden Verbundfestigkeit folgen eine Wiedererwärmung des Vorformlings, ohne dass dieser seine Struktur verliert, und der Anspritzprozess. Die zu erzielende Verbundfestigkeit hängt beim Überspritzen von unterschiedlichen Faktoren und den zu erwartenden Lastfällen ab. Die Vergleichsuntersuchungen zwischen One- und Two-Shot-Prozess zeigen jedoch, dass eine aus der Konstruktion festgelegte Mindestfestigkeit der Werkstoffverbindung von 15 MPa für eine Rippenabzugsgeometrie stärker von der Rippengeometrie als von der Halbzeugtemperatur abhängt. Die Mindestfestigkeit wird durch beide Prozessstrategien erreicht. Eine höhere Halbzeugtemperatur im One-Shot-Verfahren führt tendenziell zu insgesamt höheren Festigkeiten, aber ähnlichen Prozessstreuungen. In dem hier dargelegten Fall würden die Festigkeitsanforderungen One-Shot übererfüllt und gleichzeitig wirtschaftliche Vorteile reduziert werden, weshalb die Prozessstrategie des Two-Shot-Verfahrens technisch für das Batteriegehäuse umgesetzt wurde.

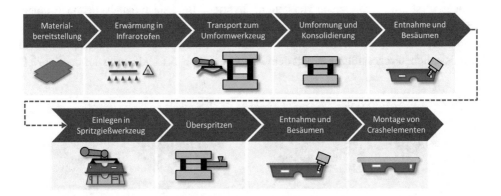

Abb. 5.3 Schematische Darstellung der Prozessstrategie des Two-Shot-Prozesses

Literatur

1. Dröder, K., Schnurr, R., Beuscher, J. P., Lippky, K., Müller, A., Kühn, M., Dietrich, F., Kreling, S., & Dilger, K. (2016). An integrative approach towards improved processability and product properties in automated manufacturing of hybrid components. In 2. Internationale Konferenz Euro hybrid – Materials and structures, Kaiserslautern.
2. Lippky, K., Kreling, S., Dilger, K., Beuscher, J. P., Schnurr, R., Kühn, M., Dietrich, F., & Dröder, K. (2016). Integrierte Produktionstechnologien zur Herstellung hybrider Leichtbaustrukturen. *Lightweight Design, 9*(2), 59–63.
3. Beuscher, J. P., Schnurr, R., Müller, A., Kühn, M., & Dröder, K. (2017). Introduction of an in-mould infrared heating device for processing thermoplastic fibre-reinforced preforms and manufacturing hybrid components. In 21st international conference on composite materials ICCM21, Xi'an.
4. Beuscher, J. P., Brand, M., Schnurr, R., Müller, A., Kühn, M., Dietrich, F., & Dröder, K. (2016). Improving the processing properties of hybrid components using interlocking effects on supporting structures. In 17th European conference on composite materials ECCM17, Munich.

Teil III
Grundlegende Untersuchungen zum Aufbau einer durchgehenden Prozesskette

Materialcharakterisierung des Organoblechs

6

Charakterisierung des Organobleches

Florian Bohne, Bernd-Arno Behrens⑩, Michael Weinmann,
Gerhard Ziegmann, Dieter Meiners, Raphael Schnurr und Klaus Dröder⑩

Zusammenfassung

Das Ziel dieses Kapitels ist die Beschreibung der Materialcharakterisierung, die für die Materialmodellierung des eingesetzten Organoblechs zur numerischen Abbildung der Umformung durchgeführt wurde. Für eine vollständige Beschreibung des Organoblechs wurden die mechanischen und thermischen Eigenschaften unter Berücksichtigung der prozessrelevanten Temperaturen experimentell ermittelt.

6.1 Organoblech – Eigenschaften des Gewebes

Die mechanischen Eigenschaften des Gewebes beeinflussen wesentlich das Umformverhalten des Organoblechs in der Blechebene. Die Dehnungen in Faserrichtung sind aufgrund der hohen Fasersteifigkeit vergleichsweise klein. Die durch Schubspannungen hervorgerufene Scherung des Gewebes ist daher der Hauptdeformationsmechanismus.

F. Bohne (✉) · B.-A. Behrens
Institut für Umformtechnik und Umformmaschinen,
Leibniz Universität Hannover, Garbsen, Deutschland
E-Mail: bohne@ifum.uni-hannover.de

M. Weinmann · G. Ziegmann · D. Meiners
Institut für Polymerwerkstoffe und Kunststofftechnik,
Technische Universität Clausthal, Clausthal, Deutschland

R. Schnurr · K. Dröder
Institut für Werkzeugmaschinen und Fertigungstechnik,
Technische Universität Braunschweig, Braunschweig, Deutschland

Das Verhalten unter Scherung wird mithilfe eines Schubspannung-Scherwinkel-Verlaufs beschrieben. Bei einem charakteristischen Verlauf erfolgt die Scherung bis zum Erreichen eines materialspezifischen Sperrwinkels auf einem geringen Scherspannungsniveau. Mit Überschreiten des Sperrwinkels steigt die Spannung bei weiteren Scherungen stark an. Das Scherverhalten des Organoblechs wurde in experimentellen Scherrahmenversuchen untersucht. Die Prüftemperaturen wurden hierbei entsprechend der zu erwartenden Prozesstemperaturen im Bereich von 200 bis 250 °C gewählt. Zur Referenz wurden zusätzliche Messungen bei 25 und 100 °C durchgeführt. Die Experimente wurden an einer ZWICK smart Zug-Prüf-Maschine in einer Temperierkammer durchgeführt (Abb. 6.1 links). Die gewählten Probenabmessungen betrugen 200 × 200 mm. Die Einspannstellen der Proben wurden chemisch behandelt, um die thermoplastische Matrix zu entfernen und eine optimale Klemmung während der Tests zu gewährleisten. Nach dem Entfernen der thermoplastischen Matrix wurden die Proben 24 h bei Normklima (DIN EN ISO 291) gelagert. Anschließend wurden die Proben in den Scherrahmen eingespannt und in der Temperierkammer auf Prüftemperatur erwärmt. Die Durchführung der Versuche erfolgte mit einer konstanten Prüfgeschwindigkeit von 10 mm/min. Im Anschluss wurde auf Basis des Kraft-Weg-Verlaufs der Scherwinkel-Scherspannungs-Verlauf bestimmt. In Abb. 6.1 rechts ist dieser für 235 °C dargestellt. Der Sperrwinkel wurde geometrisch mithilfe des Scherkraft-Scherwinkel-Verlaufs bestimmt. Im getesteten Temperaturbereich beträgt der durchschnittliche Sperrwinkel 72,3°.

Um im Rahmen der Prozesssimulation das Scherverhalten präzise abzubilden, wurde der experimentell ermittelte Scherspannungs-Scherwinkel-Verlauf in das Materialmodell MAT_249 von LS-DYNA überführt. Zur Validierung des modellierten Scherverhaltens wurde ein Modell des Scherrahmentests aufgebaut und simuliert (Abb. 6.2, links). Die numerischen Ergebnisse zeigen eine weitestgehend homogene Verteilung der Scherspannung. Die numerisch ermittelten Scherspannungs-Scherwinkel-Verläufe wurden im Anschluss den experimentellen Verläufen gegenübergestellt (Abb. 6.2 rechts). Die experimentell und numerisch ermittelten Verläufe zeigen eine gute Übereinstimmung.

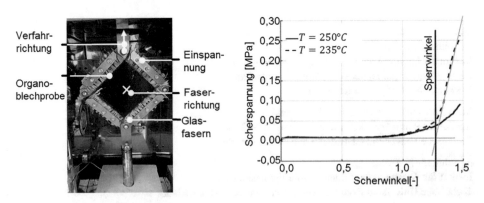

Abb. 6.1 Testvorrichtung des Scherrahmens und berechneter Scherspannung-Scherwinkel-Verlauf für 235 °C (vgl. [1])

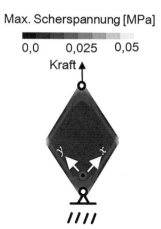
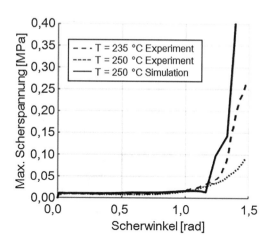

Abb. 6.2 Simulationsmodell des Scherrahmentests (links) simulative und experimentelle Ergebnisse (rechts)

6.2 Organoblech – Matrixeigenschaften

Die Steifigkeit der thermoplastischen Matrix des Organoblechs ist stark temperaturabhängig und beeinflusst maßgeblich das Umformverhalten während des Drapierprozesses. Um die mechanischen Eigenschaften der thermoplastischen Matrix unterhalb der Schmelztemperatur zu analysieren, wurden temperierte Zugversuche auf einer S100/ ZD-Dynamess-Zugprüfmaschine durchgeführt (Abb. 6.3 links). Die Organoblechproben wiesen eine Länge von $l_0 = 180\,\text{mm}$, eine Breite von $b_0 = 30\,\text{mm}$ und eine Blechdicke von $d_0 = 1\,\text{mm}$ auf. Die Messlänge betrug 120 mm. Die Versuche wurden bei den Prüftemperaturen 180, 200 und 220 °C in einer Temperierkammer durchgeführt. Für jeden Parametersatz wurden zur statistischen Absicherung drei Wiederholungen durchgeführt. Um den Einfluss der Fasern während des Versuchs zu reduzieren, wurden die Proben mit einer Faserausrichtung 45° zur Zugkraft ausgerichtet. Zur Berechnung der Steifigkeit für verschiedene plastische Dehnungen des Matrixmaterials wurden die Proben wiederholt be- und entlastet.

Um das elastisch-plastische Verhalten der Probe zu analysieren, wurde ein Simulationsmodell zur numerischen Abbildung des Tests erstellt und die Spannungsverteilung analysiert. In Abb. 6.4 wird der experimentelle Belastungspfad und die Spannungsverteilung in der Probe während der Belastungsphase für eine Probentemperatur von 180 °C gezeigt. Aufgrund der inhomogenen Dehnungs- und Spannungsverteilung in der Probe während der Versuche ist eine direkte Korrelation der gemessenen Kraft-Weg-Kurven und der Spannungs-Dehnungs-Kurven nicht möglich.

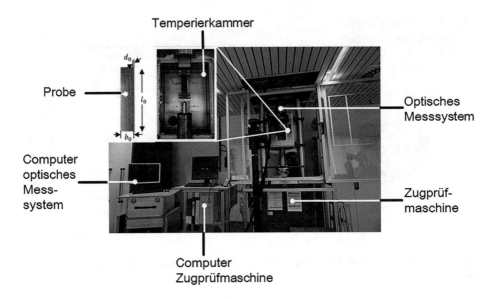

Abb. 6.3 Testvorrichtung für den Zugversuch

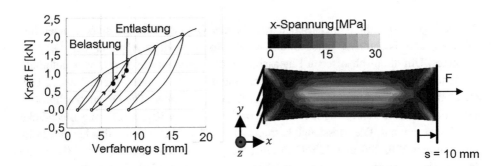

Abb. 6.4 Kraft-Weg-Verlauf (links) und Verteilung der Spannung in x-Richtung (rechts)

Deshalb wird alternativ eine numerische Identifizierung des effektiven Elastizitätsmoduls und der effektiven Fließkurve unter Berücksichtigung des bereits ermittelten Verhaltens unter Scherung durchgeführt. Die berechnete effektive Fließkurve und das effektive Elastizitätsmodul der Matrix sind in Abb. 6.5 dargestellt. Beide Größen nehmen mit steigender Temperatur stark ab.

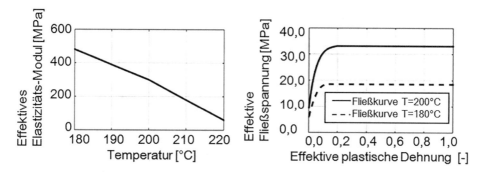

Abb. 6.5 Elastizitätsmodul über Temperatur (links) und effektive Fließkurve der thermo-plastischen Matrix (rechts)

6.3   Organoblech – Biegeeigenschaften

Die Biegesteifigkeit ist ein Maß für den Widerstand eines Körpers gegen elastische Deformation und kann bei isotropen Materialien aus dem Produkt von E-Modul und Flächenträgheitsmoment berechnet werden. Da das zu untersuchende Organoblech jedoch keinen isotropen Aufbau und somit keine isotrope Eigenschaftsverteilung aufweist, wurde im Rahmen dieses Projekts hingegen eine experimentelle Bestimmung der Biegesteifigkeit vorgenommen. Hierfür wurde das für Fasergewebe etablierte Cantilever-Verfahren oder auch Freiträgerverfahren nach DIN 53362 gewählt. Anhand einer einseitig waagerecht eingespannten Probe wurde bestimmt, bei welcher Überhanglänge das nicht eingespannte Probenende eine um 41,4° aus der Waagerechten geneigte Ebene berührt. Mittels der Flächenlast F_l und der Überhanglänge $l_{\ddot{U}}$ lässt sich die Biegesteifigkeit der Probe zu

$$B = F_l \left(\frac{l_{\ddot{U}}}{2} \right)^3$$

berechnen. Aufgrund der schlechten Handhabbarkeit erwärmter Organobleche, bedingt durch das schnelle Abkühlen an der Umgebungsluft und bei Kontakt sowie der adhäsiven zähviskosen Matrix, war ein getrenntes Erwärmen auf Prüftemperatur und Messen der Probe nicht sinnvoll. Folglich musste für die vorgesehenen Untersuchungen eine Anpassung des für Raumtemperatur ausgelegten Cantilever-Versuchs durchgeführt werden. Die Durchführung der Kennwertermittlung erfolgte in einem auf 270 °C temperierten Umluftofen, in dem eine an DIN 53362 angelehnte hitzebeständige Prüfvorrichtung (Abb. 6.6) platziert wurde. Statt eines bei Raumtemperatur verwendeten Schiebers, mit dem die Überhanglänge variiert wird, wurden Proben unterschiedlicher Länge an der

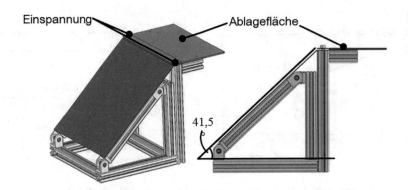

Abb. 6.6 Angepasste Cantilever-Vorrichtung

Biegekante eingespannt. Auf diese Weise konnte die Überhanglänge, bei der die um 41,5° geneigte Ebene berührt wird, iterativ bestimmt werden. Angelehnt an die Norm wurde die Überhanglänge an Proben mit einer Breite von 25 mm bestimmt. Untersucht wurden Materialdicken von 1 mm und 2 mm mit einer Gewebeorientierung von 0 und 90°.

Für die Durchführung wurden die Proben in der Vorrichtung eingespannt und im Ofen 15 min lang auf 270 °C erwärmt. In den Versuchen wurden die in Tab. 6.1 dargestellten Überhanglängen bestimmt und daraus die Biegesteifigkeit berechnet. Bedingt durch Tordierungen der Proben während der experimentellen Versuche treten große Streuungen auf. Und es konnte kein eindeutiger Wert für die Überhanglänge ermittelt werden. Es wurde daher ein Wertbereich bestimmt. Der minimale Überhang stellt dabei den erstmaligen Kontakt mindestens einer Ecke der Probe mit der schiefen Ebene dar. Bei maximalem Überhang liegt die Probe am freien Ende komplett auf.

Um das Biegeverhalten in die Materialmodellierung zu überführen, wurde ein Simulationsmodell des angepassten Cantilever-Versuchs in LS-DYNA aufgebaut. Anstelle einer direkten Einbringung in die Materialkarte wurde die Biegesteifigkeit über die Anpassung der Integrationspunkte in der Querschnittsfläche modelliert (Abb. 6.7). Die Bestimmung der Integrationspunkte erfolgte iterativ.

Tab. 6.1 Materialabhängige Biegesteifigkeit bei 270 °C

Probe	F_l [N/m]	$l_{\ddot{U},\mathrm{min}}$ [cm]	$l_{\ddot{U},\mathrm{max}}$ [cm]	B_{min} [mN*cm²]	B_{max} [mN*cm²]
1 mm, 0/90°	0,458	5,1	5,7	75,88	176,77
2 mm, 0/90°	0,898	5,4	5,7	105,95	207,89

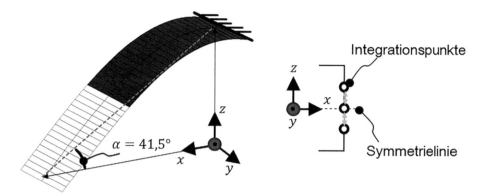

Abb. 6.7 Simulationsmodell des Überhangtests und numerische Modellierung der Biegesteifigkeit

6.4 Organoblech – Temperaturleitfähigkeit und Wärmekapazität

Die Temperaturleitfähigkeit wurde mithilfe einer Laser-Flash-Apparatur LFA 427 der Firma NETZSCH ermittelt. Es wurden drei Blechdicken 1,0, 1,5 und 2,0 mm untersucht. Vor der Messung wurden aus den Organoblechen Probekörper entnommen und mindestens 14 Tage bei Normklima (DIN EN ISO 291) gelagert. Zur experimentellen Bestimmung der Temperaturleitfähigkeit wurden die Proben jeweils kurz vor der Messung der LFA zugeführt. Für jeden Messpunkt wurden mindestens drei Messungen vorgenommen. Die in der Abb. 6.8 dargestellten Kurven zeigen jeweils die Mittelwerte der Messungen. Die Messanordnung erlaubt nur eine Messung in der Mitte eines umseitig aufliegenden Organoblechs. Da das Material bei etwa 220 °C zu schmelzen beginnt und somit eine Dimensionsstabilität nicht mehr gegeben war, wurde die Temperaturleitfähigkeit nur bis zu Werten von 180 °C aufgenommen. Die Wärmeleitfähigkeit des Organoblechs nimmt mit steigender Temperatur zunächst linear ab. Ab einer Temperatur von etwa 160 °C stellt sich ein nahezu konstantes Niveau ein. Es wurde nur ein geringer Einfluss der Blechdicke festgestellt.

Die aus der Temperaturleitfähigkeit berechneten Wärmeleitfähigkeiten liegt zwischen 0,50 und 0,57 W/m · K für die Organobleche mit einer Blechdicke von 1 mm. Bei Blechdicken von 1,5 und 2,0 mm hingegen liegt diese mit 0,4–0,45 W/m · K deutlich tiefer. Dieser Unterschied kann auf eine inhomogene Temperaturverteilung in der Probe während der Messung zurückgeführt werden. Daher ist auch bei größeren Probendicken anzunehmen, dass die Ergebnisse der 1 mm dicken Platten erreicht werden. Die experimentellen Versuche zeigen zudem, dass mit steigendem Faseranteil auch die Wärmeleitfähigkeit zunimmt.

Zur Bestimmung der Wärmekapazität wurde das Organoblech mit einer DSC Q2000 von TA Instruments im Heat-Cool-Heat-Modus untersucht. Die Organoblechproben

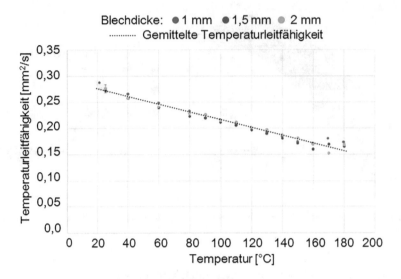

Abb. 6.8 Temperaturleitfähigkeit-Temperatur-Verlauf

mit den Blechdicken 1,0, 1,5 und 2,0 mm. Analog zum Vorgehen bei der Messung der Wärmeleitfähigkeit wurden die zugeschnittenen Proben mindestens 14 Tage bei Normklima (DIN EN ISO 291) gelagert. Alle Messungen wurden jeweils drei Mal wiederholt. Die Ergebnisse der Wärmekapazitätsmessung sind in Abb. 6.9 dargestellt.

Für die Modellierung des thermischen Verhaltens des Organoblechs im Umformprozess wurde sowohl für die Wärmeleitfähigkeit als auch für die Wärmekapazität der anisotrope Aufbau des Organoblechs vernachlässigt und ein isotropes Materialmodell auf Basis der experimentell ermittelten Daten parametrisiert.

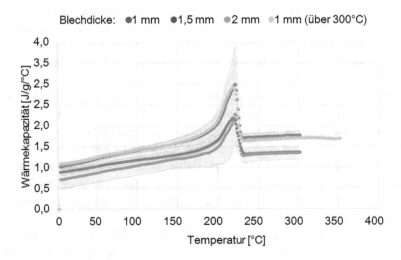

Abb. 6.9 Wärmekapazität über Temperaturverlauf

Literatur

1. Bohne, F., Micke-Camuz, M., Weinmann, M., Bonk, C., Bouguecha, A., & Behrens, B.-A. (2017). Simulation of a stamp forming process of an organic sheet and its experimental validation. In 7. WGP-Jahreskongress, Aachen.

Erwärmung

Thermisches Verhalten von Organoblechen

Raphael Schnurr, Jan P. Beuscher⑩ und Klaus Dröder⑩

Zusammenfassung

Für die umformtechnische Verarbeitung von Organoblechen ist eine Erwärmung der Halbzeuge oberhalb der Matrixschmelztemperatur nötig. Durch das Aufschmelzen der Matrix wird diese plastisch verformbar. Das in ihr eingebettete Gewebe wird nicht mehr gestützt und lässt sich unter textilspezifischen Restriktionen umformen. Aufgrund der geringen Wärmeleitfähigkeit faserverstärkter Thermoplaste muss bei der Erwärmung sichergestellt werden, dass zum einen das Halbzeug im gesamten Querschnitt vollständig aufgeschmolzen ist und zum anderen die Oberflächentemperatur die Zersetzungstemperatur nicht überschreitet. Im folgenden Kapitel wird daher das Erwärmungsverhalten der im Projekt verwendeten faserverstärkten Thermoplasthalbzeuge untersucht. Ziel ist die Bereitstellung von Prozessfenstern für die verarbeitungsgerechte Erwärmung der Halbzeuge in Abhängigkeit der Materialdicke und des verwendeten Erwärmungsprinzips.

7.1 Versuchsaufbau und Durchführung

Vor dem Hintergrund des Projektziels eines großserienfähigen Produktionsprozesses wurden Erwärmungsversuche sowohl in einem Infrarot(IR)- als auch in einem Umluftofen durchgeführt. Die Erwärmung mittels IR-Strahler erfolgte in einem Laborofen

R. Schnurr · J. P. Beuscher (✉) · K. Dröder
Institut für Werkzeugmaschinen und Fertigungstechnik,
Technische Universität Braunschweig, Braunschweig, Deutschland
E-Mail: j.beuscher@tu-braunschweig.de

© Springer-Verlag GmbH Deutschland, ein Teil von Springer Nature 2020
K. Dröder (Hrsg.), *Prozesstechnologie zur Herstellung von FVK-Metall-Hybriden*, Zukunftstechnologien für den multifunktionalen Leichtbau,
https://doi.org/10.1007/978-3-662-60680-3_7

Abb. 7.1 Verwendeter IR-Ofen (links) und Umluftofen (rechts)

bestehend aus zwei horizontal angeordneten Strahlerfeldern (340 × 340 mm) mit einem jeweiligen Abstand zur Auflagefläche von 140 mm (Abb. 7.1 links). Jedes Strahlerfeld ist mit acht Doppelrohrstrahlern des Herstellers SR SYSTEMS GmbH ausgestattet. Die schnellen mittelwelligen Strahler emittieren im Wellenlängenbereich von 1,5 bis 2,0 µm und besitzen jeweils eine maximale Leistung von 1,2 kW. Die Ansteuerung erfolgt über eine Steuereinheit der Firma FRIMO Group GmbH im Phasenanschnittverfahren. Die Leistungsdosierung kann zwischen 0 und 100 % relativ zur Maximalleistung in Ein-Prozent-Schritten eingestellt werden. Für die konvektive Erwärmung wurde ein programmierbarer Umluftofen vom Typ M 240 der Firma Binder verwendet (Abb. 7.1 rechts).

Die Temperaturen der Organoblechlaminate wurden mithilfe von Thermoelementen vom Typ K erfasst. Hierzu wurden die Elemente auf der Oberfläche zur Sicherstellung des Kontakts mit einer geringen mechanischen Vorspannung mit Polyamidklebefolie befestigt. Zur Messung der Kerntemperaturen wurden Thermoelemente zwischen Einzellagen eingebettet und verpresst. Die Untersuchungen des Erwärmungsverhaltens wurden an den mit Thermoelementen präparierten Organoblechproben im IR-Ofen bei Strahlerintensitäten von 10, 30, 50, 70 und 90 % von 40 °C durchgeführt. Der Umluftofen wurde auf eine Temperatur von 300 °C und volle Lüfterleistung programmiert.

7.2   Ergebnisse der Infraroterwärmung

Die erfassten Temperaturverläufe über die Zeit bei IR-Erwärmung sind in Abb. 7.2 und 7.3 dargestellt. Es ist zu erkennen, dass sich die Erwärmungsdauer bis zum Erreichen der Zieltemperatur mit zunehmender Strahlerintensität verkürzt. Bei der niedrigsten gewählten Strahlerintensität von 10 % kann die gewünschte Zieltemperatur von 300 °C nicht erreicht werden. Die Strahlertemperatur ist zu gering. Bei einer Materialstärke von 1 mm zeigt sich unabhängig von der Strahlerintensität eine maximale Temperaturdifferenz zwischen Oberfläche und Kern beim Erreichen der Oberflächenzieltemperatur

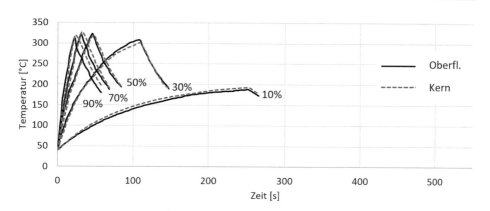

Abb. 7.2 Temperaturverläufe von 1,0 mm dickem Organoblech im Infrarotofen

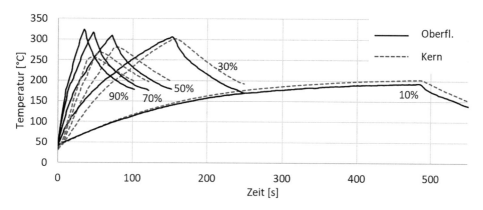

Abb. 7.3 Temperaturverläufe von 2,0 mm dickem Organoblech im Infrarotofen

von 9 K (Abb. 7.2). Diese Abweichung wird als homogene Temperaturverteilung in Laminatdickenrichtung angesehen. Hieraus kann abgeleitet werden, dass zugunsten der Taktzeit eine hohe Strahlerintensität zum Erwärmen des dünneren Organoblechs verwendet werden sollte.

Die aufgezeichneten Erwärmungskurven für das 2,0 mm dicke Organoblech zeigen ebenfalls, dass eine Strahlerintensität von 10 % nicht ausreicht, um das Halbzeug auf 300 °C zu erwärmen. Bei 30 % wird die Zieltemperatur mit einer Temperaturdifferenz zum Kern von rund 13 K erreicht. Mit steigender Strahlerintensität nimmt die Temperaturdifferenz zwischen Oberfläche und Kern linear zu, sodass sich bei einer Strahlerintensität von 90 % eine Temperaturdifferenz von knapp 100 K ergibt (Abb. 7.4). Der Kern des Organoblechlaminats hat zu diesem Zeitpunkt die Schmelztemperatur von 220 °C noch nicht erreicht, jedoch steigt die Temperatur im Materialinneren durch die geringe Wärmeleitfähigkeit weiterhin an und überschreitet nach Beendigung des

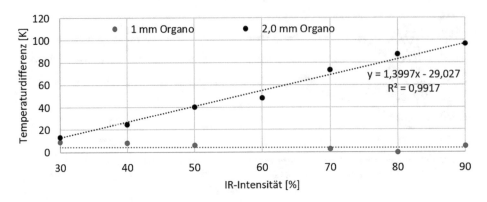

Abb. 7.4 Temperaturdifferenzen zwischen Oberfläche und Kern

Erwärmungsvorgangs die Schmelztemperatur. Es ist deutlich erkennbar, dass hierdurch die ebenfalls aufgezeichnete Abkühlkurve der Oberfläche steiler verläuft als bei einer recht homogenen Erwärmung bei 30 %, da die Wärmeenergie in den Kern übergeht. Dies wirkt sich bei der anschließenden Handhabung negativ auf die zur Verfügung stehende Transportzeit aus. Um eine möglichst homogene Erwärmung in Laminatdickenrichtung zu gewährleisten und die Verarbeitungstemperatur nach dem Transport sicherzustellen, ist bei dicken Organoblechlaminaten aufgrund der geringen Wärmeleitfähigkeit eine geringe bis mittlere Strahlerintensität zu verwenden.

7.3   Ergebnisse der Umlufterwärmung

Im vorangegangenen Abschnitt wurden die Ergebnisse zum Erwärmungsverhalten von Organoblechen in Abhängigkeit der Laminatdicke und der verwendeten Strahlerintensität dargestellt. Nachfolgend erfolgt vergleichend dazu die Erwärmung mittels Konvektion in einem Umluftofen. Die Abb. 7.5 zeigt die aufgenommene Erwärmungskurve eines 1,0 mm dicken Organoblechs in einem auf 300 °C vorgewärmten Umluftofen. Die Erwärmungsdauer ist aufgrund der geringeren Wärmeübertragung deutlich länger als bei der IR-Erwärmung. Während bei der IR-Erwärmung eine Oberflächentemperatur von 290 °C bereits nach 40 s erreicht werden kann, werden bei der konvektiven Erwärmung 150 s benötigt. Die Temperaturdifferenz geht gegen Null.

Ein 2 mm dickes Organoblech erreicht im verwendeten Umluftofen nach etwa 260 s die Zieltemperatur von 300 °C (Abb. 7.6). Mittels IR-Erwärmung wird diese Temperatur bei 30 % Strahlerintensität 110 s früher erreicht. Anders als bei der IR-Erwärmung ist die Temperaturdifferenz zwischen Oberfläche und Kern aufgrund des geringeren Wärmeeintrags pro Zeit jedoch sehr gering.

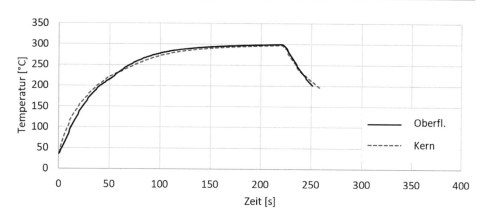

Abb. 7.5 Temperaturverlauf eines 1,0 mm dicken Organoblechs bei der Erwärmung in einem Umluftofen

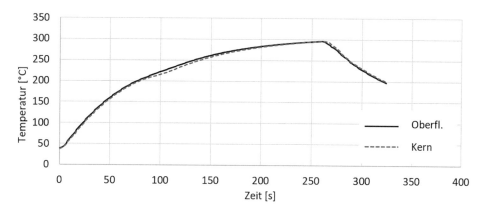

Abb. 7.6 Temperaturverlauf eines 2,0 mm dicken Organoblechs bei der Erwärmung in einem Umluftofen

7.4   Zusammenfassung

Zusammenfassend sind in Tab. 7.1 die sich anhand der Messergebnisse ergebenden Heizzeiten und Heizraten aufgeführt. Der direkte Vergleich zwischen konvektiver Erwärmung und Erwärmung mittels IR-Strahler macht noch einmal die Unterschiede bezüglich der unterschiedlichen Heizraten und der daraus resultierenden Heizzeiten deutlich. Bereits bei geringer IR-Leistung (30 %) kann die Erwärmungszeit im Vergleich zur Umlufterwärmung nahezu halbiert werden. Aufgrund der sich einstellenden Temperaturdifferenzen zwischen Halbzeugoberfläche und Kern ist bei einer Organoblechdicke von 2,0 mm eine IR-Erwärmung nur mit geringer Strahlerleistung empfehlenswert. Bei der im Projekt angestrebten Materialdicke von 1,0 mm sollte zur Taktzeitreduzierung ein IR-Ofen mit hoher Heizleistung verwendet werden.

Tab. 7.1 Vergleich aller Heizzeiten und Heizraten

Erwärmungs-parameter	1,0 mm Organoblech			2,0 mm Organoblech		
	$t_{300\,°C}$ (s)	Heizrate (K/s)	ΔT (K)	$t_{300\,°C}$ (s)	Heizrate (K/s)	ΔT (K)
Umluftofen, 300 °C	225	1,2	Umluftofen, 300 °C	225	1,2	Umluftofen, 300 °C
Infrarotofen, 30 %	95	2,8	Infrarot-ofen, 30 %	95	2,8	Infrarot-ofen, 30 %
Infrarotofen, 50 %	40	6,6	Infrarot-ofen, 50 %	40	6,6	Infrarot-ofen, 50 %
Infrarotofen, 70 %	26	10,2	Infrarot-ofen, 70 %	26	10,2	Infrarot-ofen, 70 %
Infrarotofen, 90 %	20	13,3	Infrarot-ofen, 90 %	20	13,3	Infrarot-ofen, 90 %

Aktive Materialführung und automatisierte Handhabung

8

Entwicklung einer automatisierten Thermoprozesskette mit aktiver Materialführung

Christopher Bruns, Annika Raatz⦿ und Harald Kuolt

Zusammenfassung

Dieses Kapitel beschreibt einen Ansatz zur Entwicklung einer geschlossenen und vollständig automatisierten Prozesskette zur Herstellung geometrisch komplexer Bauteile aus Organoblech. Dabei werden besonders die Aspekte zur Großserienproduktion von Karosseriebauteilen im Realmaßstab und die daran gestellten Anforderungen thematisiert. Das Ziel ist es, eine robuste automatisierte Handhabung des erwärmten formlabilen Organoblechzuschnitts in Kombination mit einer aktiven Materialführung zur Steigerung der Formgebungsgrenzen zu entwickeln. Aufgrund der teilweise quadratmetergroßen Zuschnitte im Automobilbau ist eine vollständige Funktionsintegration in einen Universalgreifer aufgrund seiner Dimensionen und dem zu erwartenden Gewicht nicht zielführend. Aus diesem Grund wird im Folgenden die Materialführung unter Zuhilfenahme des Spannrahmenansatzes entkoppelt von der Handhabung betrachtet. Für die Handhabung wird ein Spezialgreifer entwickelt, der die thermischen Eigenschaften des Organoblechs in Form einer Heiztechnologie berücksichtigt. Im Prozess erfolgt die Entnahme des erwärmten Zuschnitts aus dem Ofen durch diesen Spezialgreifer. Der Spezialgreifer übergibt den Zuschnitt an das Spannrahmensystem. Im Spannrahmensystem wird der Zuschnitt auf den Stempel des Formwerkzeugs vordrapiert und anschließend unter Druck im Umformprozess rekonsolidiert.

C. Bruns (✉) · A. Raatz
Institut für Montagetechnik, Leibniz Universität Hannover, Garbsen, Deutschland
E-Mail: Bruns@match.uni-hannover.de

H. Kuolt
J. Schmalz GmbH, Glatten, Deutschland

© Springer-Verlag GmbH Deutschland, ein Teil von Springer Nature 2020
K. Dröder (Hrsg.), *Prozesstechnologie zur Herstellung von FVK-Metall-Hybriden,* Zukunftstechnologien für den multifunktionalen Leichtbau,
https://doi.org/10.1007/978-3-662-60680-3_8

8.1   Konzept der aktiven Materialführung

Die Thematik der Materialführung von Organoblechwerkstoffen ist direkt mit dem Wunsch nach einer besseren Produktqualität, aber auch dem Erweitern der üblichen Formgebungsgrenzen verbunden. Dabei handelt es sich bei der Formgebungsgrenze für ein bestimmtes Textil um die Grenze, bis zu der das Textil aus seinem ebenen Ausgangszustand in eine dreidimensionale Form ohne das Auftreten von Fehlstellen drapiert werden kann. Organobleche zeigen im aufgeschmolzenen Zustand ein biegeschlaffes und schubweiches Materialverhalten. Daher neigen sie bereits bei geringen Zug- und Biegebelastungen zu einer Beulen- und Faltenbildung. Bei größeren Belastungen kommen Defekte wie beispielsweise Faserklaffungen oder auch Faserbrüche zum Vorschein. Diese unerwünschten, die Produktqualität mindernden Drapiereffekte gilt es somit stets zu vermeiden. Unterschieden werden können Defekte, die prozessseitig und bedingt durch das Bauteildesign auftreten. Durch eine bauteil- und materialangepasste Materialführungsstrategie können die prozessseitigen Fehlstellen minimiert oder auch eliminiert werden.

8.1.1   Konzept

Allgemein besteht der Thermoformprozess für Organoblech aus den Schritten Erwärmen, Handhaben, Einlegen, Drapieren und Rekonsolidieren. Dabei findet die Formgebung in der Umformstufe während des Drapierens und Rekonsolidierens statt. Die Hauptdeformationsmode von gewebten Fasern wird durch Schub oder Scherung der beiden Fadensysteme bestimmt. Gerade auf Doppelkrümmungen, wie sie z. B. im automobilen Karosseriebau häufig anzutreffen sind, ist teilweise eine hohe Scherung des Gewebes notwendig, um dieses faltenfrei auf die Werkzeugoberfläche zu drapieren. Dabei hat sich gezeigt, dass bei Formgebung unter Zuhilfenahme aktiv eingeleiteter lateraler Zugspannung in das Gewebe, auch bei großen Scherwinkeln, Faltenbildung weitestgehend unterdrückt werden kann. Die Materialführung kann demnach als eine unterstützende Maßnahme für den eigentlichen Umformprozess verstanden werden. Um dies zu bewerkstelligen, muss der Umformprozess durch eine aktive Materialführung erweitert werden.

Die Abb. 8.1 veranschaulicht, wie eine Formwerkzeuganordnung für das automatisierte Formen von Organoblech im Vergleich zum konventionellen Formen aussehen muss. Dabei befindet sich der konvexe Teil des Formwerkzeugs unten. Anderenfalls können durch die Induktion lateraler Membranspannung, zumindest nicht ohne Zuhilfenahme von beispielsweise Voreilern im Werkzeug, die dann konkaven Bereiche des unteren Werkzeugs mit Material vordrapiert werden. Dieser Grundsatz entstammt dem manuellen Drapieren trockener Textilen, bei dem auch stets eine Applikation auf konvexen Oberflächen stattfindet.

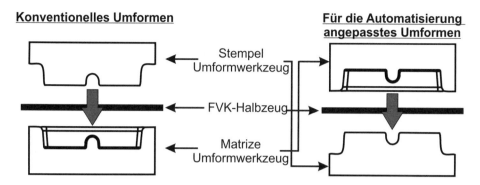

Abb. 8.1 Werkzeuganordnung bei konventionellen bzw. manuellen und bei automatisierten Formgebungsprozessen für Organoblech. *FVK* Faserverbundkunststoff

Für die Automatisierung manueller Drapierprozesse mit meist trockenen Textilien wurden in den letzten Jahren vermehrt Universalgreifer mit Drapierfunktionalitäten für die Handhabung, aber auch für die Herstellung einer Preform entwickelt und erprobt. Diese Greifer stoßen jedoch bei großen Zuschnittabmessungen schnell an ihre Grenzen. Auch ist es damit nicht möglich, lateral Membranspannung einzuleiten. Die Unterdrückung von Falten findet vielmehr durch einen vollflächigen Griff des Textils statt. Nachteilig durch den vollflächigen Kontakt wiederum ist die schnelle Wärmeabfuhr des Organoblechs in die kühlere Greiferoberfläche während der Handhabung.

Basierend auf dieser Prämisse wurde in dem Gemeinschaftsprojekt ProVor^{Plus} ein steuerbares Vielpunktspannsystem (VPS) zur aktiven Materialführung schmelzwarmer Organobleche entwickelt. Dabei stehen zwei Funktionen im Vordergrund: Das VPS soll für beliebig flächige und unterschiedlich dimensionierte Zuschnittskonturen konfiguriert werden können. Dabei soll es möglich sein, den Ort des Krafteintrags und die Anzahl an Krafteintragsorten frei zu bestimmen. Zusätzlich soll das System über Drapierfunktionalitäten verfügen, die es erlauben, eine Vorform (Preform) auf der konvexen Werkzeugoberfläche zu erzeugen, um die Fließwege des Organoblechs zu verkürzen und dadurch das Risiko von Faserbrüchen während des Schließens des Werkzeugs zu reduzieren.

Um zukünftig großflächige Zuschnitte (>1000 mm × 1000 mm) verarbeiten zu können, wird das Vielpunktspannsystem auf Basis einer Parallelkinematik entwickelt. Der Vorteil einer Parallelkinematik gegenüber der Ausführung als Robotergreifer hat zwei Vorteile. Einerseits kann hierdurch die Taktzeit im Prozess verringert werden, da der Robotergreifer so bereits den nächsten Zuschnitt in den Ofen während des Umformprozesses einlegen kann. Anderseits kann die Last der beweglichen Arbeitsplattform auf mehrere Auflagepunkte verteilt, dadurch der Durchhang der Arbeitsplattform minimiert und schlussendlich durch eine leichtere Konstruktion Gewicht eingespart werden. Das VPS besteht aus einem festen Unterrahmen (Abb. 8.2b) mit drei Antriebseinheiten (Abb. 8.2c) und der besagten beweglichen Arbeitsplattform (Abb. 8.2a) mit den darauf installierten Krafteinleitungselementen (Abb. 8.2d).

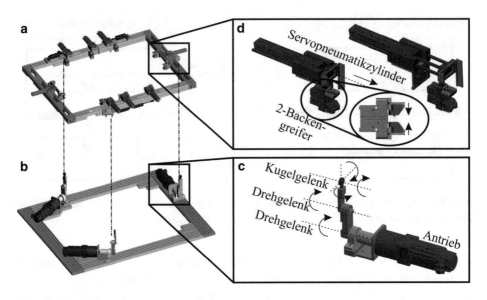

Abb. 8.2 Darstellung des modularen Aufbaus des Vielpunktspannsystems

Die Antriebseinheiten sind über Kniehebel mit der Arbeitsplattform verbunden. Durch die Antriebsbewegung kann über die Kniehebel die Arbeitsplattform um die Werkzeughöhe gesenkt und gehoben, aber auch um jeweils 7° in x- und y-Richtung verkippt werden. Auf der Arbeitsplattform werden die Krafteinleitungselemente in Nuten befestigt. Diese können entlang der Rahmenkanten frei positioniert werden. Jedes modular aufgebaute Krafteinleitungselement besteht aus einem Servopneumatikzylinder und einem Zwei-Backen-Parallelgreifer. Die Technologie der Servopneumatik der Firma Festo erlaubt es dem Anwender, über einen entsprechenden Regler und ein Druckregelventil den Hub des Pneumatikzylinders sowohl positionsgeregelt als auch kraftgeregelt zu steuern. Dazu verfügt der Pneumatikzylinder über ein Wegmesssystem. Das Wegsignal wird für Linearantriebe über ein Sensorinterface, das mit dem Regler und dem Ventil verbunden ist, erfasst. Den Aufbau eines servopneumatischen Antriebs zeigt Abb. 8.3.

Im Ausgangszustand befindet sich der erwärmte Zuschnitt im Greifkontakt mit den Zwei-Backen-Parallelgreifern. Dadurch ist sichergestellt, dass eine Abkühlung unter Schmelztemperatur ausschließlich in den kleinen Greifflächen zwischen den Greiferbacken am Zuschnittsumfang auftritt. Die Bereiche, die später das Bauteil bilden, kühlen lediglich durch Konvektion an der Umgebungsluft ab. Ein frühzeitiger Kontakt zum kühleren Formwerkezug wird somit stets verhindert.

Die Integration des VPS in den Gesamtprozess sieht vor, dass dieses zusammen mit dem Formwerkzeug in der Umformmaschine platziert wird. Dabei wird das Formwerkzeug zentral in der Umformmaschine befestigt. Das VPS ist so konzipiert, dass beim

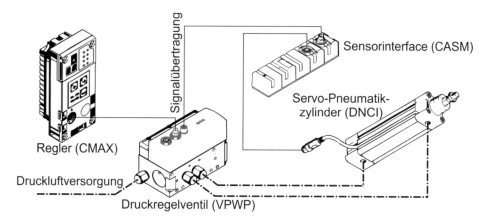

Abb. 8.3 Servopneumatische Antriebstechnologie von Festo

Schließen das Formwerkzeug durch das VPS hindurchwirken kann. Aus diesem Grund bildet das VPS einen rechteckigen Rahmen um das ebenfalls rechteckige Formwerkzeug. Die Abb. 8.4 zeigt, wie das VPS zusammen mit dem Formwerkzeug in der Umformmaschine verortet ist. Im Prozess erfolgt das Schließen des Werkzeugs durch die Absenkbewegung des Laufholms. Dabei wird auch die Arbeitsplattform des VPS durch seine kinematischen Ketten um die Werkzeughöhe abgesenkt und so die Vordrapierung kurz vor der Rekonsolidierung eingeleitet.

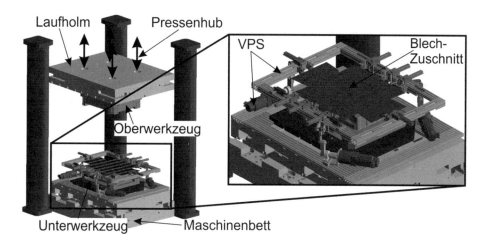

Abb. 8.4 Darstellung des Pressenraums mit installiertem Vielpunktspannsystem (*VPS*)

8.1.2   Funktionsweise

Aufgrund des hohen kinematischen Freiheitsgrads (drei Bewegungsfreiheiten und i Krafteinleitungselemente) bedarf es für die Fertigung eines komplexen Organoblech-bauteils zuerst einer der Bauteilgeometrie gerecht werdenden Drapierstrategie. Bei der Drapierstrategie handelt es sich um die Festlegung der Höhe der Rückhaltekräfte, der Krafteintragsorte und der Drapierbewegung durch das VPS bezogen auf den jeweiligen Anwendungsfall. Um die Inbetriebnahme zu verkürzen, sollte die Drapierstrategie, wie in Abschn. 15.2 beschrieben, zuvor in der Drapiersimulation getestet und gegebenen-falls angepasst werden. Basierend auf dem Simulationsergebnis kann anschließend die aufgabenangepasste Einrichtung des VPS erfolgen. Diese umfasst die Programmierung einer Drapiertrajektorie, die abhängig von der jeweiligen Formwerkzeuggeometrie und der Installation sowie Positionierung der Krafteinleitungselemente für die jeweilige Zuschnittsgeometrie ist. Entsprechend Abb. 8.5 gliedert sich der Herstellungsprozess in drei Schritte [1]:

1. **Greifen:** Dieser Schritt umfasst die Zuführung des VPS mit einem Organoblech-zuschnitt. Dabei fährt ein Industrieroboter mit seinem Greifer in die Greifebene des VPS und übergibt den Organoblechzuschnitt. In diesem Schritt sind alle kinemati-schen Ketten des VPS voll durchgestreckt, damit der erwärmte Zuschnitt nicht früh-zeitig in Kontakt mit dem kühleren Formwerkzeug kommt.
2. **Spannen/Fixieren:** Nach dem Greifen kann unter Umständen die Notwendigkeit bestehen, auf das durchhängende Organoblech eine Haltekraft auszuüben. Der Hinter-grund ist, dass das formlabile Organoblech bereits im Robotergreifer durchhängt. Um den Durchhang im VPS und damit den Werkzeugkontakt und eine Abkühlung in diesem Bereich zu verhindern, kann es notwendig sein, bereits zu diesem Zeitpunkt Membranspannung zu induzieren.
3. **Drapieren:** Durch die eingangs programmierte Drapiertrajektorie wird die Arbeits-plattform im letzten Schritt um die Formwerkzeughöhe abgesenkt und/oder gegebenen-falls verkippt, um den Zuschnitt in die Kavitäten (z. B. die Tunnelgeometrie) des Formwerkzeugs zu drapieren.

Im Anschluss an die drei Materialführungsschritte wird der Organoblechzuschnitt unter Druck und Temperatur durch das Formwerkzeug rekonsolidiert. Dabei kühlt die umgeformte Schalengeometrie auf Werkzeugtemperatur ab und verfestigt. Abschließend wird das Bauteil entformt und nachbearbeitet.

Dieses Prozessszenario lässt sich auch auf andere Formwerkzeuggeometrien, die unterschiedlich groß sein können oder verschiedenartige Zuschnittsgeometrien erfordern, übertragen. Für eine variantenreiche Produktion sollen an dieser Stelle kurz die Möglich-keiten zur Variantenbildung von Materialführungsstrategien eingegangen werden. Die Abb. 8.6 zeigt Beispiele, wie eine Rekonfiguration des VPS bei unterschiedlich großen

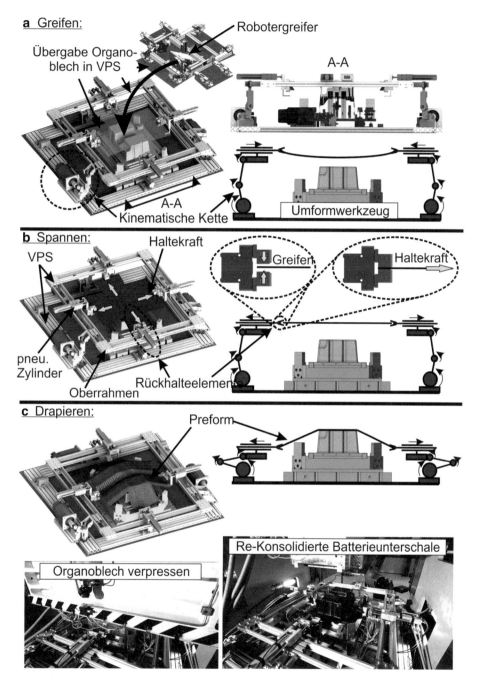

Abb. 8.5 Prozessschritte für die Organoblechmaterialführung. *VPS* Vielpunktspannsystem (vgl. [1])

Varianten Größe | Varianten Geometrie | Varianten Rückhaltekräfte

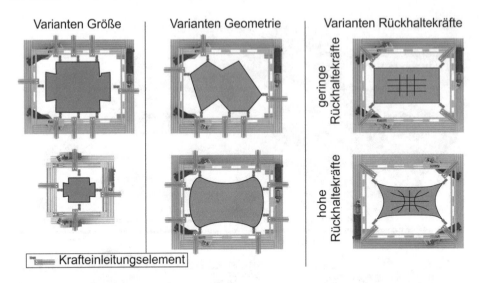

Krafteinleitungselement

Abb. 8.6 Beispiele für eine variantenreiche Produktion mittels Vielpunktspannsystem (*VPS*)

Bauteilen (Varianten Größe) aussehen kann. Da das System aus Nutenprofilen besteht, können diese einfach und schnell an die jeweilige Bauteilgröße angepasst werden. Die Verwendung von Nutenprofilen hat weiter den Vorteil, dass die Krafteinleitungselemente einerseits einfach montiert und demontiert werden können. Anderseits können diese dadurch auch stufenlos entlang der Rahmenkanten positioniert werden, je nach Zugänglichkeit und notwendiger Krafteinleitung. Dadurch ist es möglich, verschiedenartige Zuschnittsgeometrien mit dem VPS zu verarbeiten (Varianten Geometrie) und über eine Programmänderung die Rückhaltekräfte in den Krafteinleitungselementen zu verringern, um Faserbrüchen vorzubeugen, oder zu erhöhen, um Faltenbildung vorzubeugen (Varianten Rückhaltekräfte).

8.2   Handhabung

Für das Greifen und Handhaben von technischen Textilien haben sich in den letzten Jahren diverse Lösungsansätze ergeben. Diese unterscheiden sich in deren Greifmethode und dem Greifprinzip. Die Vor- und Nachteile der jeweiligen Greifer sind in Abschn. 3.3.1 aufgeführt. Aus dem Grund, dass Thermoformprozesse formwerkzeuggebunden sind, und der Tatsache, dass in dem vorgestellten Prozess zur Materialführung ein VPS eingesetzt wird, ergeben sich zwei Hauptanforderungen an die Entwicklung eines Robotergreifers: Der Robotergreifer muss während der Handhabung des formlabilen Zuschnitts stets dessen initiale Plattenform für die Übergabe an das VPS sicherstellen und die Abkühlrate in den Greiferkontaktpunkten zum Organoblech für die adäquate Rekonsoldierung verringern. Grundsätzlich eignen sich Nadel- und Vakuumsauger für die Organoblechhandhabung.

In den folgenden Abschnitten sollen daher die Aspekte zur Entwicklung eines Organoblechgreifers aufgegriffen, diskutiert und die Ergebnisse aus den Experimental- und Simulationsuntersuchungen dargestellt werden.

8.2.1 Auslegung von Textilgreifern unter Berücksichtigung thermischer Aspekte

Die Ermittlung und Minimierung von Wärmeverlusten im Organoblech ist maßgeblich für eine vollständige Rekonsolidierung des Organoblechs unter Druck und Temperatur erforderlich. Dazu muss sichergestellt werden, dass in der Umformstufe ein Temperaturniveau oberhalb der Schmelztemperatur im Organoblech vorhanden ist. Daher ist es notwendig, die Abkühlrate des Organoblechs im Greifkontakt in der Prozessauslegung zu berücksichtigen. Eine Möglichkeit ist die Greiffläche aktiv zu erwärmen. Aus diesem Grund hat die J. Schmalz GmbH einen beheizbaren Nadel- und Vakuumgreifer entwickelt. Diese können bis auf Temperaturen von 300 °C erwärmt werden und damit das Temperaturgefälle verringern oder das Organblech erwärmen (je nach verwendeten Kunststoff). Um zu überprüfen, welchen Einfluss ein Temperatursturz im Greifkontakt auf die zu erwartende Produktqualität hat, werden Abkühlmessungen mit verschiedenen Greifern während der Handhabung von dreilagigen 50 mm × 50 mm großen Organoblechproben durchgeführt. Die Abb. 8.7 zeigt die Thermografiemessungen während der experimentellen Untersuchung.

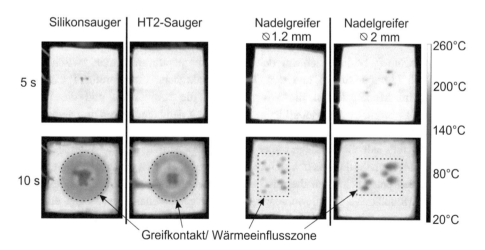

Abb. 8.7 Messung der Abkühlverhaltens am Beispiel von Sauggreifern und Nadelgreifern während der Handhabung von 50 mm × 50 mm großen Organoblechproben (vgl. [2])

In der Abbildung werden vergleichend zwei kommerziell verfügbare Sauggreifer und zwei kommerziell verfügbare Nadelgreifer untersucht. Dabei unterscheiden sich die Sauggreifer sowohl in der Form als auch beim Material. Verglichen mit dem Silikonsauger zeigt der Sauggreifer der J. Schmalz GmbH mit dem Hochtemperaturkautschuk HT2 eine etwas geringere Abkühlung nach insgesamt 10 s im Greiferkontakt. Auffällig ist bei beiden Greifern jedoch die starke Abkühlung im Greifzentrum. Durch die verwobene Struktur des Organoblechs ist dieses auch permeabel. Durch kleine Öffnungen zwischen den Fasern strömt kalte Umgebungsluft und kühlt das Organoblech. Der größte Wärmeübergang bei den Nadelgreifern kann an den das Organoblech perforierenden Metallnadeln identifiziert werden. Es hat sich gezeigt, dass mit steigendem Nadeldurchmesser die Abkühlung in diesem Bereich zunimmt. Bereits nach 5 s sind die Nadeln mit 2 mm Durchmesser im Vergleich zu den dünneren Nadeln mit 1,2 mm Durchmesser im Thermogramm sichtbar. Das Ergebnis zeigt, dass bezüglich des Abkühlverhaltens Nadelgreifer aufgrund der kleineren Wärmeeinflusszone im Vorteil sind. Allerdings ist auch hier mit einer erheblichen Abkühlung im Nadeleinstichbereich zu rechnen. Unter der Prämisse, dass die Nadellöcher im Formgebungsprozess durch den Werkzeugdruck wieder verschlossen werden müssen, wird dies durch die bereits erstarrte Matrix an den Nadeln erschwert. Zusätzlich steht das Organoblech während der Handhabung in Kontakt mit dem Nadelblock. Die Thermografiemessungen finden jedoch auf der dem Greifer gegenüberliegenden Seite statt. Um die höhere Abkühlung in den beiden darüber liegenden Gewebelagen abschätzen zu können, wird ein Wärmeübertragungsmodell auf Basis der Fourierschen Wärmeleitungsgleichung entwickelt. Es gilt [2]:

$$\rho c_v \frac{\mathrm{d}T}{\mathrm{d}t} = \triangle\,(\lambda\,\triangle\,T) + \sum_{i=0}^{N} \dot{q}_i$$

Der Wärmstrom $\dot{q}_i$ bezieht sich auf den lokalen Temperaturgradienten zwischen dem Organoblech (Temperatur T) und der Greiferkontaktfläche (Temperatur T_g). Berücksichtigung im Modell finden die Wärmeleitung, die Konvektion und die Wärmestrahlung. Das geometrische Modell ist in Abb. 8.8 mit den berechneten und gemessenen Temperaturverläufen dargestellt.

Dabei verfügt jede Gewebelage i über eine Initialtemperatur T_i, eine Wärmekapazität $c_{v,i}$ und eine Wärmeleitfähigkeit λ_i. Über den Gewebelagen ist die ausgedehnte Greiffläche mit den entsprechenden thermischen Eigenschaften aufgeführt. Der direkte Vergleich der Modellkurve der Gewebelage 3 mit der gemessenen Kurve zeigt eine gute Übereinstimmung mit dem Modell. Unter der Annahme eines vollflächigen Kontakts mit der Greiffläche auf der Gewebelage 1 lassen sich die Abkühlkurven, wie in der Abb. 8.8 dargestellt, bestimmen. Hierbei zeigt sich, dass die Gewebelage mit direktem Kontakt zum Greifer schnell abkühlt und den Schmelzpunkt bereits nach weniger als einer

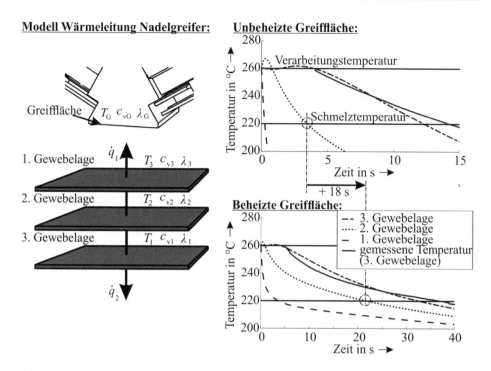

Abb. 8.8 Temperaturverläufe aus den Thermografieaufnahmen und dem Wärmeübertragungsmodell eines unbeheizten und beheizten Nadelgreifers (vgl. [2])

Sekunde erreicht. Wird nun die Greiffläche auf $T_g = 170\,°C$ erwärmt, kann, wie in dem Diagramm ersichtlich, das Maß der Abkühlung verringert werden. Wird die Mittelgewebelage 2 für einen direkten Vergleich herangezogen, so lässt sich konstatieren, dass die Zeit bis zum Erreichen der Schmelztemperatur von etwa 4 s auf etwa 22 s, also um 18 s, verlängert werden kann. Wird die Greifertemperatur weiter erhöht, lässt sich der Wärmeübergang noch weiter verringern. Oberhalb der Matrixschmelztemperatur kann dies allerdings aufgrund der Adhäsion der Kunststoffschmelze zu Anhaftungen an der Greiffläche führen.

Aus den gewonnen Erkenntnissen wird ein Funktionsmuster für einen Heißnadelgreifer entwickelt. Dieses besteht aus einem Isolierelement und einem beheizbaren Nadelblock. Durch den Isolationsblock steigt die Bauhöhe, sodass zusätzlich zur Justage des Nadelhubs eine Verdrehsicherung der Nadelpakete integriert wird.

8.2.2 Greifersystemfunktionsmuster zur Handhabung von erwärmtem und formlabilem Organoblech

Für die Handhabung eines großflächigen Organoblechzuschnitts im Prozess ist es notwendig, die vorgestellten Heißnadelgreifer in ein Gesamtsystem zu integrieren. In einer geschlossenen Prozesskette werden dem Greifersystem zwei Aufgaben mit unterschiedlichen Anforderungen zuteil. Zu Beginn und nach dem Zuschneiden des Organoblechs befindet sich der Zuschnitt in einem festen Aggregatzustand. Mit eindringenden Greifern, wie dem Nadelgreifer, ist es nicht möglich, den Zuschnitt zu handhaben: Organobleche sind bei Raumtemperatur schlagzäh und luftundurchlässig. Daher bietet sich hier die Kategorie der Vakuumsauger für eine robuste Handhabung an. Anschließend wird der feste Zuschnitt in eine Erwärmungsstation (z. B. Umluftofen, IR-Heizstrahler etc.) befördert. Beim Erreichen der Verarbeitungstemperatur verliert der Organoblechzuschnitt seine anfängliche Steifigkeit und ist nun biegeschlaff. Anschließend kommt die Gruppe der Heißnadelgreifer zum Einsatz. Diese sind homogen über die Zuschnittsfläche verteilt, um eine formstabile Handhabung zu ermöglichen. Das in Abb. 8.9 dargestellte Greifersystem zeigt den entwickelten Robotergreifer für den kreuzförmigen Organoblechzuschnitt zur Herstellung der Batterieunterschale.

In dem Beispiel sind insgesamt zwölf Heißnadelgreifer und vier Vakuumsauger verbaut. Da es sich um zwei unterschiedliche Greifsysteme handelt, muss eine der beiden Greiferebenen verschiebbar gelagert werden. Aus diesem Grund sind die Vakuumgreifer über Pneumatikzylinder teleskopierbar und können je nach Prozessschritt aus- oder eingefahren werden. Das Greifersystem selbst besteht aus Aluminiumprofilen und Verbindern eines Modulbaukastens. Zusätzlich dargestellt ist der Prototyp des Heißnadelgreifers. Die Heißnadelgreifer sind in den Profilen verschiebbar und so der

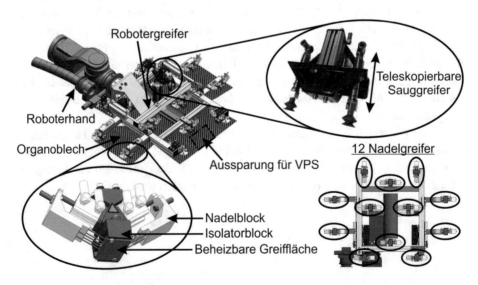

Abb. 8.9 Beispiel für die Gestaltung eines zuschnittangepassten und Vielpunktspannsystem(*VPS*)-kompatiblen Robotergreifers mit zwölf Heißnadelgreifern (vgl. [3])

Zuschnittsgeometrie flexibel anpassbar. Dabei gilt es zu beachten, dass entsprechende Aussparungen im Greifersystem vorgesehen werden, in denen später die Krafteinleitungselemente des VPS bei der Zuschnittübergabe greifen können.

8.2.3 Ergebnisse und Schlussbetrachtung

In Prozessen, in denen formlabile Halbzeuge und Bauteile gefertigt oder weiterverarbeitet werden, ergeben sich stets aufgrund der höheren Komplexität Hemmnisse für die Einrichtung eines automatisierten Prozesses. Dies ist meist auf mangelnde Erfahrung im Umgang mit dem anisotropen Material, in Kombination mit einer hohen Variantenvielfalt, unbekannten Formgebungsgrenzen und der Erstellung einer werkzeugangepassten Zuschnittsgeometrie verbunden. Bei der Verarbeitung von Organoblech kommt erschwerend die Abkühlung des Halbzeugs und dadurch eine verkürzte Prozesszeit zur Herstellung einer fehlstellenfreien 3D-Kontur hinzu. Dem Greifer oder dem Greifsystem kommt daher eine besondere Bedeutung zu. Aufgrund der angesprochenen Problematiken mit Universalgreifern bei thermisch sensiblen Prozessen und der stets formgebundenen Herstellung von Organoblechbauteilen sind hier weiterhin Standardgreiferlösungen im Vorteil. Speziell die Gruppe der Nadelgreifer haben hierbei einen wichtigen Stellenwert eingenommen. Sie haben keinerlei Probleme mit permeablen Greifobjekten und, mit einer beheizten und beschichteten Greiffläche, stellen diese eine mögliche Antwort auf die lokale Abkühlung während der Handhabung dar. In dem Ergebnis einer Drapiersimulation wird der Einfluss der Heißnadelgreifer ersichtlich (Abb. 8.10). Im Simulationsdurchlauf wird ein Materialmodell mit einer temperaturabhängigen Matrixsteifigkeit verwendet. Mit fallender Organoblechtemperatur nimmt anlog dazu die Steifigkeit der Polymermatrix zu. Dies wiederum erschwert den Drapierprozess, insbesondere in engen Radien oder kleinen Formelementen. Zusätzlich misslingt die Rekonsolidierung in den Bereichen der Nadeleinstiche. Das Ergebnis in Abb. 8.10 zeigt, dass durch die lokale Abkühlung des Organoblechs durch einen unbeheizten Greifer ein hoher Steifigkeitszuwachs in den Greifbereichen auftritt.

In der Detailansicht ist die Steifigkeit E entlang Weg s in GPa dargestellt. Das Maximum von mehr als 1,6 GPa in der vorherigen Greifzone kann somit zu Faserbrüchen im Werkzeugradius aufgrund der schlechteren Formbarkeit führen. Dies zeigt auch die leichte Faserwelligkeit des Gewebes in den angrenzenden Bereichen, die ein Indiz für einen gestörten Materialfluss ist. Derselbe Simulationsdurchlauf mit einem auf $T_g = 170\,°C$ beheizten Greifer zeigt das Phänomen des Steifigkeitszuwachses im Werkzeugradius nicht. Im Vergleich liegt hier die maximale Steifigkeit bei $E = 0{,}8$ GPa. Auch die zuvor beobachtete Faserwelligkeit tritt nach der Handhabung mit einem beheizten Greifer nicht mehr in Erscheinung.

Bis zu Temperaturen von 170 °C hat das Design gut funktioniert. Die Wärmeverluste können analog zu Abb. 8.8 minimiert und dadurch der Zeitraum für die Handhabung bis zum Erreichen der Schmelztemperatur verlängert werden. Durch die

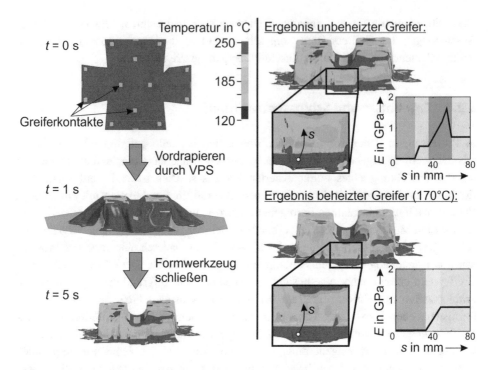

Abb. 8.10 Simulation der Wärmeeinflusszone eines unbeheizten und eines beheizten Greifers nach der Formgebung. *VPS* Vielpunktspannsystem (vgl. [3])

unbeschichtete Edelstahlgreiffläche kommt es allerdings zu Matrixanhaftungen bei Greifertemperaturen $T_g > 170\,°C$. Diese Anhaftungen verunreinigen die Greifer mit zunehmender Nutzung. Um den Grad der Verschmutzung zu verringern, empfiehlt es sich die Greiffläche zu beschichten. Aus diesem Grund werden die Heiznadelgreifer mit insgesamt drei verschiedenen Beschichtungen versehen. Dabei handelt es sich um eine temperaturbeständige Klebefolie (Variante A bis 260 °C) und zwei keramikbasierte Lackierbeschichtungen (Variante B bis 350 °C und Variante C bis 250 °C). Der Prototyp des Heißnadelgreifers mit den entsprechenden Anhaftungserscheinungen der jeweiligen Beschichtungen nach insgesamt 60 gehandhabten Organoblechen zeigt Abb. 8.11. Die Greifertemperatur beträgt während der 60 Handhabungszyklen $T_g = 230\,°C$. Die Organoblechschmelztemperatur liegt beim verwendeten Material bei $T = 220\,°C$.

Als Referenz ist die unbeschichtete Edelstahlvariante zu sehen. Hierbei kommt es vermehrt zu Matrixanhaftungen. Deutlich besser schneidet die Lackierbeschichtung Variante C ab. Zwar kommt es auch hier zu Anhaftungen, jedoch lösen diese sich während des Betriebs wieder vom Greifer ab. Die Klebefolie zeigt das beste Ergebnis. Jedoch lässt die Adhäsion des Klebstoffs der Folien im Betrieb nach, sodass hier nicht sichergestellt werden kann, dass sich diese im Betrieb ablöst.

Edelstahl blank

Variante A

Variante B

Variante C

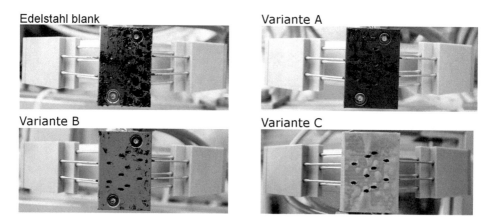

Abb. 8.11 Matrixanhaftungen an der beheizbaren Greifflächen bei einer Greifertemperatur von 230 °C nach 60 gehandhabten Organoblechzuschnitten

Literatur

1. Bruns, C., Micke-Camuz, M., Bohne, F., & Raatz, A. (2018). Process design and modelling methods for automated handling and draping strategies for composite components. *CIRP Annals, 67*(1), 1–4.
2. Bruns, C., Tielking, J.-C., Kuolt, H., & Raatz, A. (2018). Modelling and evaluating the heat transfer of molten thermoplastic fabrics in automated handling processes. *Procedia CIRP 7th CIRP Conference on Assembly Technologies and Systems, 76,* 79–84.
3. Bruns, C., Bohne, F., Micke-Camuz, M., Behrens, B.-A., & Raatz, A. (2019). Heated gripper concept to optimize heat transfer of fiber-reinforced-thermoplastics in automated thermoforming processes. *Procedia CIRP 12th CIRP Conference on Intelligent Computation in Manufacturing Engineering, 79,* 331–336.

Umformende Herstellung der Batterieunterschale

9

Entwicklung eines einstufigen Prozesses zur umformtechnischen Herstellung der Batterieunterschale

Moritz Micke-Camuz, Florian Bohne und Bernd-Arno Behrens⦿

Zusammenfassung

Dieser Beitrag beschreibt die Entwicklung eines kombinierten einstufigen Prozesses aus komplexer Organoblechumformung und Glasmattenverstärkten-Thermoplaste (GMT)-Fließpressen, der mithilfe konventioneller Pressentechnik umgesetzt werden kann. Zunächst wird die Entwicklung der Umformstrategie zur Herstellung der Organoblechschale aus einem mit Polyamid 6 imprägnierten Glasfasergewebes für eine Batterieunterschale erläutert. Es werden die Ergebnisse von Umformexperimenten und eine Rückhaltestrategie zur Vermeidung lokaler Faltenbildung, eine Finite-Elemente-Methode(FEM)-Umformsimulation zur Analyse des Faltenverhaltens, Schereffekte und Temperaturverläufe für die Konsolidierung des Organoblechs vorgestellt. Im Anschluss wird die Erweiterung des Organoblechumformprozesses um einen lokal begrenzten Fließpressprozess erläutert. Die Untersuchung konzentrierte sich auf die Beschreibung eines Dichtkonzepts, die Wechselwirkung zwischen den beiden Werkstoffen und die Temperaturverteilung, die die Umformeffekte und die Verbindung der Werkstoffe untereinander weitestgehend beeinflusst. Für den kombinierten Prozess wurde ein Simulationsmodell in der FE-Software LS-Dyna entwickelt, das auf einer Fluidstrukturinteraktion beruht.

Aufgrund des hohen Automatisierungsgrads, der geringen Taktzeiten und der hohen Reproduzierbarkeit hat sich das Umformen und speziell das Tiefziehen als Fertigungsverfahren

M. Micke-Camuz (✉) · F. Bohne · B.-A. Behrens
Institut für Umformtechnik und Umformmaschinen,
Leibniz Universität Hannover, Garbsen, Deutschland
E-Mail: micke@ifum.uni-hannover.de

© Springer-Verlag GmbH Deutschland, ein Teil von Springer Nature 2020
K. Dröder (Hrsg.), *Prozesstechnologie zur Herstellung von FVK-Metall-Hybriden,* Zukunftstechnologien für den multifunktionalen Leichtbau,
https://doi.org/10.1007/978-3-662-60680-3_9

zur Herstellung von Blechbauteilen aus metallischen Werkstoffen in der Automobilindustrie etabliert. Um hybride Bauteile wirtschaftlich zu fertigen, ist es daher zielführend, Umformprozesse dahingehend zu entwickeln, dass diese sich auf konventionelle Pressentechnik, wie sie in den Presswerken der umformenden Industrie vorhanden ist, integrieren lässt.

Im Rahmen des Projekts ProVor[Plus] wurde am Institut für Umformtechnik und Umformmaschinen (IFUM) ein kombinierter Prozess aus Organoblechumformung und Glasmattenverstärkten-Thermoplaste(GMT)-Fließpressen entwickelt, der es ermöglicht, eine Batterieunterschale in einem einstufigen Verfahren aus einer Organoblechschale und Verstärkungsrippen senkrecht zur Blechebene herzustellen.

9.1 Umformende Herstellung der Organoblechvorform

Die Organoblechumformung besteht aus dem Auffalten eines Kreuzzuschnitts aus einem 0°/90°-Glasfasergewebe sowie einer PA6-Matrix (Schmelzpunkt 220 °C) und dem Ausformen eines Tunnelbereichs und einer Stufengeometrie. Um eine Umformung zu ermöglichen, wird das Organoblech im IR-Feld auf 280 °C erwärmt. Die angestrebte Verarbeitungstemperatur liegt bei 260 °C. Die zusätzliche Erwärmung um 20 °C ist notwendig, um die Abkühlung während des Transfers in das Werkzeug zu kompensieren. Der Kreuzzuschnitt wird mithilfe eines Spannrahmens mittig an allen vier Seiten eingespannt (Abb. 9.1) und im Prozess durch Federn nachgeführt. Während des Umformprozesses werden die Kanten des Kreuzzuschnitts stoffschlüssig Stumpf an Stumpf gefügt. Das in Abb. 9.1 dargestellte Werkzeug ist das erste von zwei Demonstratorwerkzeugen. Angelehnt an das äußere Abmaß des Werkzeugs wird dieses im Folgenden als A4-Geometrie, Werkzeug bzw. Demonstrator bezeichnet.

Für die Analyse des Umformprozesses wurde ein thermomechanisches Simulationsmodell in der Simulationsumgebung LS-Dyna aufgebaut. Der Aufbau des Modells ist in Abb. 9.2 dargestellt. Es besteht aus einem Unter- und einem Oberwerkzeug sowie dem Organoblech als Werkstück. Sowohl das Organoblech als auch die Werkzeuge werden

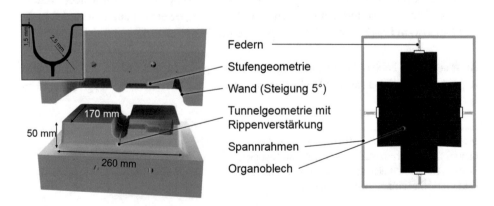

Abb. 9.1 Experimenteller Versuchsaufbau zur Umformung einer Organoblechschale [1]

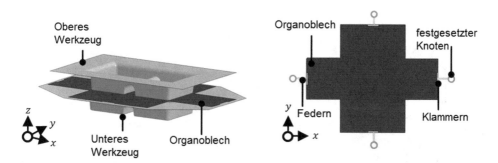

Abb. 9.2 Simulationsmodell des A4-Demonstrators [1]

als zweidimensionale Geometrien modelliert und mithilfe von Schalenelementen vernetzt. Im Realprozess wird das Halbzeug mithilfe von Klammern, die durch Federn mit dem Spannrahmen verbunden sind, aufgespannt. Zur Abbildung der Klammern wird den gegriffenen Randbereichen ein starres Materialmodell zugewiesen. Mithilfe von Federelementen werden die eingesetzten Federn abgebildet. Das obere und untere Werkzeug wird als isothermer Starrkörper modelliert. Die Bewegung des Oberwerkzeugs wird durch eine Translation in z-Richtung realisiert.

Für die Abbildung der mechanischen Eigenschaften des Organoblechs wird das Materialmodell MAT_249 und für die Abbildung der thermodynamischen Eigenschaften das Materialmodell MAT_T01 eingesetzt. Die Parametrisierung beider Modelle wurde bereits im Abschnitt Materialcharakterisierung beschrieben (Kap. 6. Zur Ermittlung der Temperatur zu Beginn der Umformung wurde ein numerisches Wärmeleitungsmodell aufgebaut. Hiermit wurde der Temperaturabfall während der Transferphase (Ofenwerkzeug) analysiert (Abschn. 3.3.1). Der Wärmeübertragungskoeffizient zwischen der umgebenden Luft und dem Organoblech wurde zuvor experimentell bestimmt. Somit ließ sich die Einlegetemperatur des Organoblechs zu 240 °C berechnen. Weiterhin wird eine homogene Temperaturverteilung zu Beginn des Umformschritts angenommen. Für das Werkzeug wurde in Anlehnung an den Realprozess eine konstante Temperatur von 120 °C vorgegeben. Die Modellierung des Wärmeübergangs erfolgte basierend auf experimentellen Versuchen, mithilfe derer der Wärmeübertragungskoeffizient von Organoblech zu Stahl berechnet wurde [96]. Im Folgenden werden die experimentellen Ergebnisse ausgewertet und den Simulationsergebnissen gegenübergestellt.

Die größte umformtechnische Herausforderung besteht in der Ausformung des Tunnels. Durch die doppelt gekrümmte Geometrie in Kombination mit der gewählten Faserausrichtung entlang des Tunnels kommt es zur Faltenbildung im Bereich des Übergangs zwischen dem Tunnel und der Wand der Schalengeometrie, die am Ende des Umformprozesses je nach Größe der Falte zum Faserbruch führen kann. Das in der numerischen Simulation bestimmte Umformergebnis ist in Abb. 9.3 (links) dargestellt. Die Faltenbildung im Tunnelbereich lässt sich numerisch abbilden und analysieren. Zur experimentellen Überprüfung der numerischen Ergebnisse wurde der reale Prozess zu unterschiedlichen Prozesszeiten vor Erreichen des unteren Totpunkts (UT) der Presse

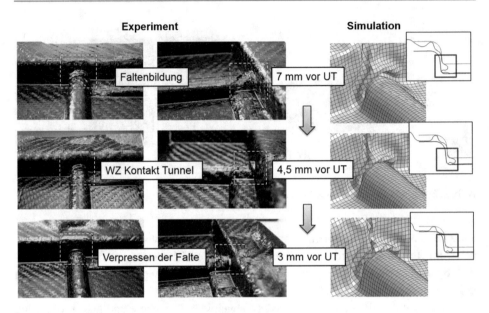

Abb. 9.3 Stadienfolge der Faltenbildung im Tunnelbereich

unterbrochen und die numerisch berechnete der experimentell ermittelten Kontur gegenübergestellt. In Abb. 9.3 wird eine Stadienfolge der Faltenbildung dargestellt. Bei 7 mm vor UT (unterer Totpunkt des Umformprozesses) ist die Faltenbildung deutlich zu erkennen. Im weiteren Verlauf des Umformprozesses kommt es zunächst zum Kontakt zwischen Falte und Werkzeug (4,5 mm vor UT) und später zum Verpressen der Falte (3,0 mm vor UT). Der Vergleich zeigt eine hohe Übereinstimmung zwischen den Simulationen und experimentellen Ergebnissen.

Am Ende des Formprozesses ist die Falte nicht sichtbar, da das Matrixmaterial in die angrenzenden Bereiche verschoben wird. Dies führt zu einer Faseransammlung im Faltenbereich mit einer Verdreifachung der Materialstärke. Da der Werkzeugspalt konstant auf 1,5 mm ausgelegt ist, führt die Faltenbildung zu einem Faserbruch. Die Abb. 9.4

Abb. 9.4 Faserbruch infolge des Verpressens der Falte im Tunnelbereich

zeigt die Fläche der Falte nach dem Wiederaufschmelzen des Formteils. Durch die Verwendung einer 45°/45°-Faserorientierung kann der Faserbruch vermieden werden.

Um Faserbrüche auch bei einer 0°/90°-Faserausrichtung zu vermeiden, kann durch die Reduzierung der Klemmbreite im Tunnelbereich eine lokale Faserscherung induziert werden. Wie in Abb. 9.5 dargestellt, wurde die ursprüngliche Klemmbreite von 65 mm auf 15 mm reduziert. Dies entspricht etwa der Hälfte der Breite der Tunnelgeometrie. Durch die erzwungene Faserausrichtung in Zugrichtung und der intralaminaren Scherung der Fasern quer zur Lastrichtung wird das überschüssige Material zur Bildung der Falte aus dem Formwerkzeug herausgezogen. Somit kann die Faltenbildung nahezu verhindert und die Ursache des Faserbruchs beseitigt werden.

Die Ergebnisse aus der Organoblechumformung wurden genutzt, um den Gesamtprozess zur Herstellung der Batteriewanne für den Plug-in-Hybrid zu definieren. Zur experimentellen Absicherung der Übertragbarkeit auf die Originalbauteilgröße wurde ein weiteres Versuchswerkzeug gebaut, das die Originaltiefe und die skalierten Außenmaße der Batteriewanne (im Folgenden: A3-Demonstrator) beinhaltet. Ein Vergleich zwischen den Bauteilkonstruktionsdaten und den CAD-Daten des Umformwerkzeugs ist in Abb. 9.6 dargestellt.

Die Versuche anhand der herunterskalierten A4-Batterieschale zu Beginn des Projekts haben gezeigt, dass erhöhte Spannungen zwischen den Ecken des Tunnels und den gefügten Ecken des Bauteils auftreten. Die Spannungen können bei Prozessschwankungen hinsichtlich der Positionierung des Organoblechs zu Reißern führen. Während der Transfer und die Positionierung zur Erhöhung der Einlegegenauigkeit für die weiterführenden Versuche automatisiert wurden, wurde werkzeugseitig ein federgelagerter Voreiler in der Matrize im Tunnelbereich integriert. Der Voreiler legt einen Hub von 90 mm zurück und trifft als erste Werkzeugkomponente auf das Organoblech, um das Organoblech im Tunnel vorzudrapieren (Abb. 9.7).

Für die numerische Analyse des Umformprozesses des A3-Demonstrators wurde ein weiteres Simulationsmodell aufgebaut (Abb. 9.8). Die wesentlichen Einstellungen wurden aus dem Simulationsmodell des beschriebenen A4-Demonstrators übernommen. Die Vernetzung der Werkzeuge sowie des Halbzeugs wird analog zu der Vernetzung des A4-Demonstrators durchgeführt. Im Stempel ist der bereits beschriebene Voreiler

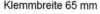
Klemmbreite 65 mm   Klemmbreite 15 mm

Reduzierte Faltenbildung
(7 mm vor UT)

Abb. 9.5 Reduzierung der Klemmbreite an den Rückhaltepunkten im Tunnelbreich

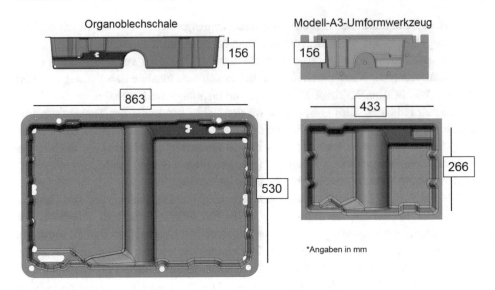

Abb. 9.6 Vergleich zwischen den Bauteilkonstruktionsdaten und den CAD-Daten des A3-Umform-werkzeugs

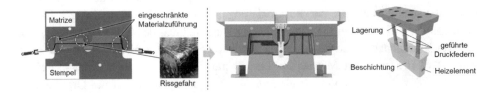

Abb. 9.7 Rissgefahr im Organoblech durch eingeschränkte Materialzuführung (links), voreilendes Werkzeugelement im Tunnel zur Vermeidung von Reißern (rechts)

eingelassen, der über Federn mit dem Oberwerkzeug verbunden ist. Dieser ist ebenfalls mit Schalenelementen vernetzt. Der Organoblechzuschnitt ist in dem in Kap. 8 beschriebenen Vielpunktspannsystem (VPS) aufgespannt. Zur Modellierung der Rückhaltkinematik wurde eine Cauchy-Randbedingung gewählt, bestehend aus einer Kraftrandbedingung $F(t)$ und einer Verschiebungsrandbedingung $s(t)$. Es wird angenommen, dass die Klammern und das Organoblech zu Beginn der Simulation bereits die maximale Geschwindigkeit beim Herabsenken des VPS aufweisen. Hierzu wurde eine anfängliche homogene Geschwindigkeitsverteilung in z-Richtung vorgegeben. Der Aufbau des Simulationsmodells und die entsprechenden Randbedingungen sind Abb. 9.8 zu entnehmen.

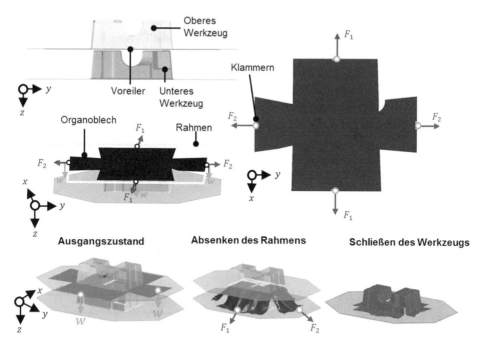

Abb. 9.8 Simulationsmodell A3-Demonstrator

Eine Gegenüberstellung der numerischen und experimentellen Endgeometrie ist in Abb. 9.9 dargestellt. Die Kontur und somit der globale Materialfluss werden durch das numerische Modell präzise wiedergegeben. Gewebeaufstauungen, wie beim A4-Demonstrator, sind weder im numerischen Modell noch im experimentellen Demonstrator zu beobachten. Hingegen treten Bereiche mit starker Gewebescherung seitlich des Tunnels auf. Die numerisch berechnete lokale Scherwinkelverteilung ist in Abb. 9.9 dargestellt (links).

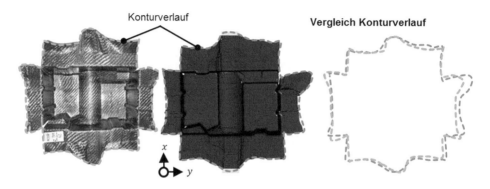

Abb. 9.9 Vergleich des experimentell und numerisch ermittelten Konturverlaufs für den A3-Demonstrator

An ausgewählten Punkten auf der Geometrie werden der numerisch vorhergesagte und der experimentell beobachtete Scherwinkel verglichen (Abb. 9.10 rechts). Die Ergebnisse zeigen, dass mit dem eingesetzten Rückhaltesystem eine deutliche Reduzierung der Gewebeaufstauungen im Tunnelbereich erzielt werden kann.

In Abb. 9.11 wird die Temperaturverteilung im Organoblech am Ende der Umformung dargestellt. Es zeigt sich, dass der Umformprozess in einer stark inhomogenen Temperaturverteilung des Organoblechs resultiert. Insbesondere die Bodenbereiche, die früh in Kontakt mit dem Werkzeug treten, weisen eine deutlich niedrigere Temperatur als die außenliegenden Randbereiche auf. Diese werden erst zu einem späteren Zeitpunkt der Umformung in den Spalt gezogen. Die Bereiche, die früh mit

	Scherwinkel (Experiment)	Scherwinkel (Simulation)
1	57,5°	64°
2	0°	0°
3	-45°	-40°
4	-30°	-37°
5	20°	28°
6	-37,5°	-45°
7	0°	0°
8	56°	68°

Abb. 9.10 Numerisch berechnete lokale Scherwinkelverteilung (links) und Gegenüberstellung numerische und experimentell ermittelte Scherwinkel an charakteristischen Punkten (rechts)

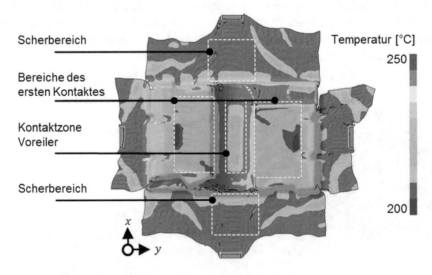

Abb. 9.11 Temperaturverteilung am Ende der Umformung

dem Voreiler in Kontakt kommen, weisen ebenfalls eine deutlich niedrigere Temperatur als die umliegenden Blechbereiche auf. Insbesondere an Stellen mit Temperaturen unterhalb des Matrixschmelzpunkts, steigt die Gefahr von Faserbrüchen. Vorteilhaft wirkt sich die Werkzeugkinematik auf die Temperaturverteilung im Bereich hoher Scherung im Flansch aus. Da diese erst spät in Kontakt mit dem Werkzeug kommen und somit abkühlen, können hier große Scherungen erzeugt und die Gewebeaufstauung im Tunnelbereich reduziert werden.

9.2   Entwicklung eines kombinierten Prozesses aus Organoblechumformung und Glasmattenverstärkten-Thermoplaste-Fließpressen

Nach einer erfolgreichen Umsetzung der Organoblechumformung wird das Verfahren um einen GMT-Fließpressprozess erweitert. Mithilfe dieser Prozesserweiterung soll eine Rippengeometrie im Bereich des Tunnels in einem einstufigen Prozess ausgeformt werden. Hierfür werden im Stempel, im Bereich des Tunnels, Kavitäten und ein zusätzlicher Werkzeugspalt von 1 mm für den Fließpressvorgang vorgesehen. Um die lokale Begrenzung des Fließpressvorgangs zu realisieren, wird der Materialfluss durch den Kontakt zwischen Organoblech und Tunnelradius bzw. durch das aufgefaltete Organoblech an der Stirnseite des Tunnels begrenzt. Der Prozessablauf für den kombinierten Prozess ist in Abb. 9.12 dargestellt.

Hierzu wird der Stempel als Unterwerkzeug verwendet und die GMT-Masse nach dem Erwärmen auf 260 °C in den Tunnel gelegt (1). Im Anschluss wird der Organoblechzuschnitt über dem Stempel positioniert (2) und das Werkzeug geschlossen (3). Zu dem Zeitpunkt des Kontakts zwischen Organblech und Fließpressmasse im Tunnel werden die Kavitäten bereits an den Stirnflächen durch das aufgefaltete Organoblech abgedichtet. Des Weiteren kommt es zum Abdichten an den 5° steilen Flanken des Tunnels zwischen Organoblech und Stempel. Am Ende des Umformprozesses erfolgt das Konsolidieren des Verbunds und die vollständige Formfüllung der Fließpresskavitäten (4) sowie die Entnahme des Bauteils (5).

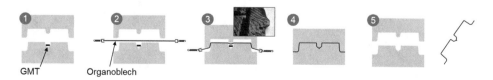

GMT   Organoblech

Abb. 9.12 Prozessablauf des kombinierten Umformprozesses aus Organoblechumformung und Glasmattenverstärkten-Thermoplaste(*GMT*)-Fließpressen [1]

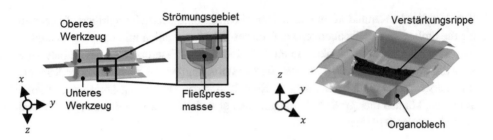

Abb. 9.13 Simulationsmodell des kombinierten Drapier- und Fließpressprozesses [1]

Für die numerische Simulation musste das Simulationsmodell um den Prozess des Fließpressens erweitert werden. Zur Modellierung der GMT-Fließpressmasse wurde ein viskoses Materialmodell und ein Eulersches Gitter im Tunnel-Rippen-Bereich eingesetzt. Das erstellte Simulationsmodell ist in Abb. 9.13 (links) dargestellt. Der Kontakt zwischen Organoblech und Fließpressmasse wurde mithilfe einer Fluidstrukturinteraktion erfolgreich abgebildet.

9.3 Ergebnisse aus dem kombinierten Prozess

Die Umformergebnisse des kombinierten Prozesses am Beispiel des A4-Demonstrators sind in Abb. 9.14 dargestellt. Eine vollständige Formfüllung der Kavitäten wurde erzielt. Zwischen Fließpressmasse und Organoblech wurde eine stoffschlüssige Verbindung hergestellt. Der Fließpressprozess konnte erfolgreich sowohl an den Flanken des Tunnels als auch zur Stirnseite auf den Tunnelbereich begrenzt werden.

Um die Übertragbarkeit der Prozesskombination auf die Originalmaße des Tunnels sicherzustellen, wurden Kavitäten im Stempel des Werkzeugs eingebracht, die bei einer maximalen Rippenhöhe von 50 mm und einer minimalen Breite von 2 mm an die Geometrie des Zielbauteils angelehnt sind. Die Rippengeometrie beinhaltet verschiedene

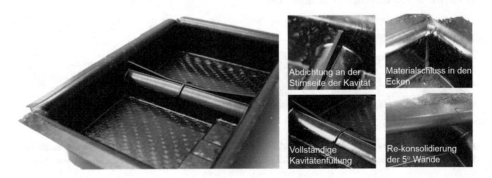

Abb. 9.14 Umformergebnisse des kombinierten Prozesses [1]

Herausforderungen der Formfüllung, wie Längs- und Querrippen unterschiedlicher Breite und Tiefe, durchlaufende und endende Längsrippen und einen Dom zur Aufnahme von Verschraubungselementen.

Das Ergebnis der kombinierten Umformung im A3-Werkzeug ist exemplarisch in Abb. 9.15 dargestellt. Das Werkzeug wurde mit einer Geschwindigkeit von 30 mm/s geschlossen. Die Presskraft zum Fließpressen und Konsolidieren betrug 1500 kN. Die Werkzeugtemperatur im Bereich der Kavität wurde auf 90 °C eingestellt.

Das Dichtkonzept konnte auf die Originalgröße des Tunnels übertragen werden. An den Dichtkanten (Abb. 9.15), an denen eine Werkzeugwand mit 5° zur Schließrichtung vorliegt, wird der Fließpressvorgang auf die vorgesehene Kavität begrenzt. An den Übergängen zwischen Tunnelgeometrie und Nebenformelementen (Abb. 9.15c, d) die senkrecht zur Schießrichtung liegen, kommt es zum Materialaustritt und der Ausbildung sogenannter Schwimmhäute. Um den Austritt des GMT zu verhindern, sind eine konstruktive Änderung und die Integration von weiteren Dichtkanten (schematisch durch gestrichelte Linie in Abb. 9.15 dargestellt) in 5° zur Schließrichtung notwendig.

Um optimale mechanische Eigenschaften in der Verstärkungsstruktur zu realisieren, soll das Bauteil möglichst frei von Lufteinschlüssen bzw. Leerstellen sein. Zur Überprüfung des Leerstellengehalts innerhalb des GMT wurden Schliffbilder an zwei verschiedenen Stellen des Bauteils aufgenommen. Die Schliffbilder sind in Abb. 9.16 und 9.17 dargestellt. Die Abbildungen beinhalten jeweils Ausschnitte aus Bauteilen, die bei konstanter Werkzeugtemperatur von 90 °C und jeweils zwei variierenden Presskräften (800 kN und 1500 kN) und Haltezeiten unter Druck (10 s und 30 s) hergestellt wurden.

In Abb. 9.16 ist ein Schliff durch eine Verstärkungsrippe dargestellt. Der Bereich, in dem es bei allen Bauteilen zu nachweisbaren Leerstellen kommt, befindet sich im Fuß

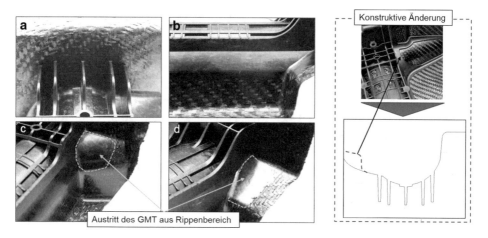

Abb. 9.15 Umformergebnisse des kombinierten Prozesses im A3-Umformwerkzeug (links); erforderliche konstruktive Änderung des Umformwerkzeuges zur vollständigen Abdichtung der Fließpresskavität (rechts). *GMT* Glasmattenverstärkter Thermoplast

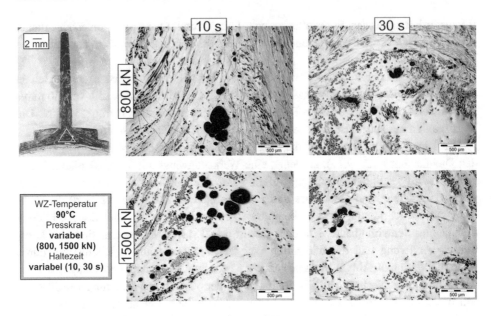

Abb. 9.16 Schliffbild einer Verstärkungsrippe im seitlichen Bereich des Tunnels

der Rippe. Der Leerstellengehalt lässt sich sowohl durch eine Erhöhung der Presskraft als auch durch eine Erhöhung der Haltezeit reduzieren. Hierbei dominiert der Einfluss der Haltezeit.

Diese Tendenz lässt sich auch in Abb. 9.17 belegen. Hier ist der Schliff durch eine flächige Verstärkung im mittleren Bereich des Tunnels dargestellt. Im unteren Bereich der vier Schliffbilder ist das Gewebe des Organoblechs zu erkennen. Oberhalb der Gewebestruktur sind die nahtlose Anbindung und das GMT sichtbar. Auch hier lässt sich der Leerstellengehalt durch eine Erhöhung der Presskraft sowie durch eine Erhöhung der Haltezeit reduzieren. Der Einfluss der Presskraft ist bei einer Haltezeit von 30 s deutlich ausgeprägter. Die Ergebnisse konnten in weiteren Schnittebenen der beiden Bauteilausschnitte validiert werden.

Bei der kombinierten Umformung von GMT und Organoblech kann es zur Interaktion zwischen dem Organoblech und der Rippenkavität kommen (Abb. 9.18). Kommt es nicht zu einer vollständigen Formfüllung durch das GMT, werden die Endlosfasern des Organoblechs am Ende des Umformvorgangs in die Fließpresskavitäten gedrückt und es kommt zum Faserbruch. Bei vollständiger Formfüllung der Kavitäten lässt sich durch die Fließpressmasse ein Gegendruck erzeugen und ein Eindrücken des Gewebes kann vermieden werden. Diese Erkenntnis lässt sich auf einen One-Shot-Prozess aus Organoblechumformen und Spritzgießen, bei dem das Organoblech während des Schließens des Spritzgießwerkzeugs umgeformt wird, übertragen. Da ein Anspritzen erst nach der vollständigen Ausformung der Organoblechschale erfolgen würde, käme es zu Faserbrüchen und die Formfüllung würde beeinträchtigt werden.

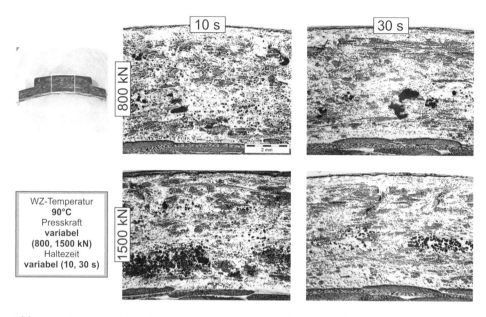

Abb. 9.17   Schliffbild einer flächigen Verstärkung im mittleren Bereich des Tunnels

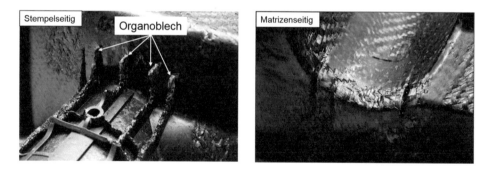

Abb. 9.18   Interaktion zwischen dem Organoblechgewebe und den Rippenkavitäten

Literatur

1. Behrens, B.-A., Hübner, S., Bonk, C., Bohne, F., & Micke-Camuz, M. (2017). Development of a combined process of organic sheet forming and gmt compression molding. *Procedia Enginee-ring, 207,* 101–106.

Untersuchungen zur spanenden Bearbeitung konsolidierter Organobleche

Sauberes Trennen und Bohren komplex geformter Organoblechstrukturen

Anke Müller⑩, Jan P. Beuscher⑩, Raphael Schnurr und Klaus Dröder⑩

Zusammenfassung

Die saubere Berandung der thermogeformten Organoblechstrukturen ist für die weitere Prozessführung im Spritzprozess wichtig, um ein sauberes Einlegen und Abdichten des Werkzeugs erzielen zu können. Zerspanungsuntersuchungen ergaben geeignete Prozessfenster zur Besäumung der geformten Wannen sowie dem Einbringen von Kabeldurchführungen etc.

Das Projektkonsortium wählte aufgrund der Bearbeitungsflexibilität und der verfügbaren Anlagenkapazität den auch in der Industrie verbreiteten Ansatz der Fräsbearbeitung zum Trimmen von Organoblechen aus. Hierfür wurde durch experimentelle Untersuchungen ein Prozessparameterfenster ermittelt, das das Trimmen in der prototypischen Prozesskette (vgl. Kap. 5) ermöglichen sollte. Die Abb.10.1 zeigt die wesentlichen Versuchsrandbedingungen auf. An einem Schnittmuster wurden spanende Untersuchungen vorgenommen. Dabei wurden das Besäumen, das Nutenfräsen, das helixförmige Fräsen und das Bohren der Organobleche mittels diamantbeschichtetem Hartmetallfräser unter Überflutungskühlung und Trockenbearbeitung untersucht. Variiert wurden die Prozessparameter Schnittgeschwindigkeit v_c (100 m/min bis 300 m/min), Schnitttiefe a_p (1 mm bis 3 mm); Vorschub pro Schneide f_z (0,01 mm bis 0,1 mm) bei zwei Blechdicken (1 mm und 2 mm). Hierbei wurden folgende Beobachtungen getätigt: Das Optimum der Schnittqualität für Blechober- und -unterseite für die Schnittgeschwindigkeit v_c liegt

A. Müller · J. P. Beuscher (✉) · R. Schnurr · K. Dröder
Institut für Werkzeugmaschinen und Fertigungstechnik, Technische Universität Braunschweig, Braunschweig, Deutschland
E-Mail: j.beuscher@tu-braunschweig.de

© Springer-Verlag GmbH Deutschland, ein Teil von Springer Nature 2020
K. Dröder (Hrsg.), *Prozesstechnologie zur Herstellung von FVK-Metall-Hybriden,* Zukunftstechnologien für den multifunktionalen Leichtbau,
https://doi.org/10.1007/978-3-662-60680-3_10

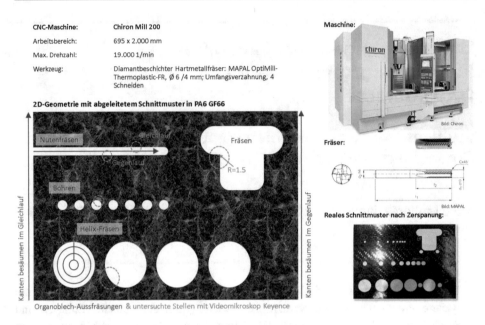

Abb. 10.1 Versuchsrandbedingungen für die Zerspanuntersuchungen [1]

zwischen 150 m/min und 250 m/min. Bei einer Reduktion der Schnittgeschwindigkeit v_c auf weniger als 100 m/min schmilzt die thermoplastische Matrix auf und führt
zu starken Anhaftungserscheinungen am Werkzeug. Bei weiterer Erhöhung der Schnittgeschwindigkeit bildet sich thermoplastischer Grat an der Blechrückseite. Dabei ändert
sich die Spanraumklasse von kurzen Spiral- und Wendelspanstücken (6 bis 7) zu lan-
gen Wendelspanstücken (5 bis 6). Bei helixförmiger Bearbeitung existieren Bereiche,
in denen Faserbündel unsauber getrennt werden, was sich mit den in Abschn. 3.3.4
beschriebenen Erkenntnissen zu Abhängigkeit der Faserorientierung zur Schneide aus
der Literatur deckt. Eine sehr langsame Bearbeitung infolge geringer Vorschübe führt
zum Anschmelzen der Berandung und feinem Ausfasern. Hohe Vorschübe hingegen
bilden Randausbrüche oder starken Grat, insbesondere an der Blechrückseite. Eine bessere Schnittqualität wurde bei reduzierter Schnitttiefe a_p im Gleichlauf erzielt. Wird die
Materialdicke von 1 mm auf 2 mm erhöht, führt dies bei gleichen Schnittparametern
zum Ausfasern, ebenso bei Reduktion der Schnittgeschwindigkeit. Bei Erhöhung der
Materialdicke auf 2 mm und dem Maximalvorschub f_z pro Schneide von 0,1 mm wird
ein schnelles Prozessversagen beobachtet, da der Kunststoff aufschmilzt und am Werkzeug zur intensiven Aufbauschneidenbildung angehafteten Materials führt. Die Nassbearbeitung steigert die Kantenqualität erheblich durch kühlere Prozesse und bindet
darüber hinaus auftretende Stäube effektiv [1].

Die Werkzeugstandzeit wurde über einen Standweg von insgesamt 50 m untersucht.
Dabei lagern sich über die Dauer der Bearbeitung Partikel in den Nuten an. Die Menge ist
jedoch als unkritisch zu bewerten. Es tritt kein messbarer Flankenverschleiß bis 50 m auf.

Die Standzeit des Werkzeugs ist also maßgeblich von der Prozesstemperatur infolge der Schnittgeschwindigkeit bzw. zu großer Schnitttiefen abhängig (Aufschmelzen führt zu Anhaftungen und Werkzeugversagen) sowie von einer Aufspannvorrichtung, die die Spanaufnahme bzw. -entsorgung sicher gewährleistet. Ein Wärmestau unter dem Werkstück führt zum abrupten Werkzeugversagen. Für das Projekt ProVor^{Plus} bedeutet dies, dass einer Aufspannvorrichtung für die Bearbeitung der geformten und gespritzten Wannen besondere Bedeutung beigemessen werden muss.

Literatur

1. Müller, A., Beuscher, J. P., Kühn, M., Rettenmaier, S., Müller-Hummel, P., Dröder, K. (2017). Milling of glass fibre reininforced organic sheets (GFRP) in automotive applications. In 20th conference on composite structures, Paris.

Hybridspritzgießen mit Organoblechen

Erzielung hoher Verbundhaftungen in
Hybridspritzgussbauteilen

Jan P. Beuscher⬤, Raphael Schnurr, Anke Müller⬤ und Klaus Dröder⬤

Zusammenfassung

Im Rahmen des Projekts wurden Untersuchungen zur Verbundhaftung zwischen thermoplastischen Organoblechen und kurzfaserverstärktem Spritzguss durchgeführt. Ziel der Untersuchungen war es, die Verbundfestigkeiten der Materialpaarung zu bestimmen sowie Prozessparameter und -einflüsse zu identifizieren und zu charakterisieren, um möglichst hohe Haftungen zu erzielen. Daher wurden Versuchsreihen mit den für das Projekt definierten Werkstoffen auf Probenbasis durchgeführt.

11.1 Materialauswahl und Versuchsaufbau

Als Halbzeugmaterial wird das Organoblech mit PA6-Matrix und einem Glasfasergewebe (vgl. Kap. 2) verwendet. Der Glasfaseranteil des Halbzeugs beträgt 66 Gewichtsprozent. Zur Verarbeitung des Halbzeugs ist ein Temperaturbereich von 260 bis 290 °C sowie eine maximale Verweildauer oberhalb der Schmelztemperatur von 220 °C von maximal 5 min empfohlen [1]. Das Überspritzen des Halbzeugs wird mit einem Polyamid 6.6 und einem Glaserfaseranteil von 50 % durchgeführt. Die vom Hersteller empfohlene Schmelztemperatur beträgt 295 °C.

J. P. Beuscher (✉) · R. Schnurr · A. Müller · K. Dröder
Institut für Werkzeugmaschinen und Fertigungstechnik,
Technische Universität Braunschweig, Braunschweig, Deutschland
E-Mail: j.beuscher@tu-braunschweig.de

Abb. 11.1 Versuchswerkzeug mit eingelegten Organoblechproben (links); Versuchsaufbau mit externem, pneumatisch betätigtem Infrarotstrahlerfeld (rechts; [6])

Zur Herstellung der Proben wurde eine horizontal schließende Spritzgießmaschine des Typs ENGEL Victory 120 verwendet, die mit einem Wechselwerkzeugsystem ausgestattet ist. Dies ermöglicht einen schnellen Wechsel und Austausch von Werkzeugmodulen sowie eine flexible Versuchsdurchführung mit Werkzeugen für unterschiedliche Probekörperformen und -größen. Die erforderliche Peripherie zur Prozessführung beinhaltet eine wasserbasierte Werkzeugtemperierung bis 140 °C sowie Erwärmungs- und Temperaturmesstechnik zur Untersuchung und Regelung der Halbzeugtemperatur im Prozess.

Das Wechselwerkzeugsystem mit montierter Zugscherprobenkavität und eingelegten Organoblechproben ist in Abb. 11.1 (links) dargestellt. Die nutzbare projizierte Modulfläche der Trennebene beläuft sich auf 198 mm × 100 mm. Durch den mittigen Anschnitt erfolgt bei allen Werkzeugmodulen die Formfüllung identisch. Die Abb. 11.1 (rechts) zeigt eine mobile Infraroterwärmungsvorrichtung mit Leistung von 6 kW, die extern ins Werkzeug eingebrachte Organoblechhalbzeuge auf eine definierte Erwärmungstemperatur erhitzen kann und anschließend pneumatisch gesteuert den Arbeitsraum der Spritzgießmaschine verlässt. Der Erwärmungsvorgang mithilfe des Infrarotstrahlers wird über Thermoelemente und Pyrometer, die eine beidseitige Temperaturerfassung ermöglichen, geregelt und kann in den Maschinenablauf der Spritzgießmaschine integriert werden.

11.2   Untersuchung der Verbundhaftung an Zugscherproben

Die primären Untersuchungen zur Verbundhaftung werden anhand von Zugscherproben in Anlehnung an die Norm DIN EN 1465 durchgeführt. Diese Norm beschreibt die Prüfung der Zugscherfestigkeit von Überlappungsklebungen für strukturelle Klebungen [2]. Da bislang keine spezifischen Normen für die Prüfung der Verbundhaftung durch Ur- oder Umformen existieren, lehnen sich Prüfungen plausiblen Normen an. In diesem Fall geht der Spritzguss eine stoffschlüssige Verbindung mit dem Organoblech ein, vergleichbar einer strukturellen Klebung, weshalb die Verwendung der oben genannten Norm gerechtfertigt ist.

Die Überlappungsfläche der Normprobe beträgt 12,5 mm × 25 mm, die im verwendeten Werkzeug ebenfalls eingehalten wird. Entsprechend der Normvorgabe werden die Proben einzeln hergestellt, in einem Schuss jedoch immer zwei Stück. Die Organoblecheinleger werden passgenau mit einer Wasserstrahlanlage zugeschnitten und die Hybridproben nach der Herstellung in einem Umluftofen bei 70 °C über mehrere Tage konditioniert.

Neben der eigentlichen Prozessführung umfasst die Versuchsplanung auch die Probenvorbereitung (Konditionierung, Trocknung, Oberflächenvorbehandlung). Oberflächenvorbehandlungen, z. B. mit Lösungsmitteln (Ethanol, Isopropanol und Aceton) oder mit mechanischen Verfahren (z. B. Sandstrahlen, mechanischen Verklammerungsstrukturen), zeigen jedoch im Verhältnis zu anderen Parametern einen zu vernachlässigenden Einfluss, weshalb im Folgenden nicht weiter auf diese Ergebnisse eingegangen wird.

In der Prozessführung der Probenherstellung wird die Temperaturführung von Werkzeug, Spritzgussschmelze und Halbzeug als wichtigster Parameter für die Erzielung hoher Verbundfestigkeiten identifiziert. Die Massetemperatur der Kunststoffschmelze wird daher im Rahmen des Verarbeitungskorridors zwischen 290 und 300 °C in der Düse variiert. Die Temperatur des isotherm temperierten Werkzeugs kann im Bereich zwischen Raumtemperatur und 140 °C variiert werden. Der hier im Fokus stehende Untersuchungsbereich liegt zwischen 80 und 140 °C. Die Temperatur des Organoblechhalbzeugs wird in unterschiedlichen Versuchsreihen über die Werkzeugwandtemperatur oder eine Infraroterwärmungsvorrichtung eingestellt.

Die Ergebnisse, die in Abb. 11.2 dargestellt sind, zeigen eine deutliche Abhängigkeit der Zugscherfestigkeit von der Temperaturführung von Kunststoffschmelze, Halbzeug und Werkzeug. Im linken Diagramm ist zu erkennen, dass die mittlere Massetemperatur der Schmelze mit 295 °C über alle Parametervariationen der Werkzeugtemperatur relative

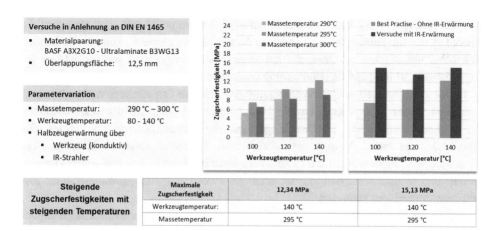

Abb. 11.2 Vollständig angespritzte Organoblechwanne nach dem letzten Prozessschritt

Maximalwerte hervorruft. Während die Reduzierung der Massetemperatur um 5 K bei niedrigen Werkzeugtemperaturen zu den geringsten Zugscherfestigkeiten führten, stellt sich der Effekt bei der gegenteiligen Parametervariation mit erhöhter Masse- und Werkzeugtemperatur ein. Für die Untersuchung der maximal erreichbaren Zugscherfestigkeit in Abhängigkeit der Massetemperatur im Bereich von 290 bis 300 °C und der Werkzeugtemperatur im Bereich von 100 bis 140 °C lässt sich die Parameterkombination aus einer Massetemperatur von 295 °C und einer Werkzeugtemperatur von 140 °C mit durchschnittlichen Zugscherfestigkeiten von 12,34 MPa als beste Paarung identifizieren.

Die weiterführende Untersuchung einer aktiven Erwärmung der eingelegten Halbzeuge dient dem Zweck, den Temperaturunterschied zwischen Halbzeug und Kunststoffschmelze zu verringern. Eine vollständige Aufschmelzung der Halbzeugmatrix konnte in diesem Versuchsaufbau aufgrund des als Wärmesenke wirkenden Werkzeugs nicht erreicht werden. Aus den in Abb. 11.2 (rechts) dargestellten Ergebnissen lässt sich jedoch erkennen, dass die Erwärmung des Halbzeugs die Einflüsse der Werkzeugtemperierung zum Teil kompensiert und bei allen untersuchten Temperaturbereichen zu deutlichen Festigkeitssteigerungen führt. Es werden durchschnittliche Festigkeiten von 14 bis 16 MPa erreicht. In der simulativen Crashberechnung wurden Verbundfestigkeiten von 15 MPa zwischen Organoblech und Kunststoffspritzguss angenommen, die nachweislich sowohl mit 100 °C als auch mit 140 °C Werkzeugtemperatur mit zusätzlicher Infraroterwärmung erzielt werden können.

11.3   Untersuchung der Verbundhaftung an Rippenabzugsproben

Überlappende Bereiche zwischen Kunststoffspritzguss und Organobleche sind in der Demonstratoranwendung des Batteriegehäuses vorhanden, werden jedoch nicht sicherheitsrelevant mit einer Zugscherbelastung angenommen. Aus diesem Grund wurden die Untersuchungen zur Verbundhaftung auf eine Prüfgeometrie und -last erweitert, die sowohl in der Bauteilgeometrie als auch in Realbelastung auftreten können. Es handelt sich dabei um Rippenstrukturen, die auf Organoblech aufgespritzt werden und in der Rippenabzugsprüfung auf Verbundhaftung untersucht werden.

In den experimentellen Untersuchungen wurden neben den Einflüssen verschiedener Prozessparameter (Temperatur, Druck, Umschaltpunkte) auch die der Materialstärken der Halbzeuge sowie der Fließweglängen auf die Verbundfestigkeit betrachtet. Die Abb. 11.3 zeigt einen Auszug der untersuchten Parameter sowie Abbildungen der Rippenproben. Dabei wurden die Prozessparameter im Rahmen der zulässigen Grenzen variiert und sowohl Materialstärke als auch Vor- oder Erwärmungsparameter oder Vorbereitungsprozeduren verändert.

Die Säulendiagramme in Abb. 11.4 zeigen einen Auszug der experimentellen Ergebnisse der Rippenabzugsprüfung. Bezogen auf die Temperaturführung (Abb. 11.4 links) sind deutliche Unterschiede der erzielten Verbundfestigkeiten zwischen Organoblech

Interne Prozessparameter	Externe Einflussgrößen
Temperatur der Kunststoffschmelze	*Am Beispiel von Rippenproben*
• 285 °C, 295 °C, 305 °C	**Rippengeometrie**
Temperatur des Spritzgießwerkzeugs	• Wird automatisch bei jeder Probe in 2 Varianten erzeugt
• 50 °C, 85 °C, 120 °C (zusätzlich 20 °C)	**Rippenorientierung zur Faser**
Einspritzgeschwindigkeit	• 90°/0°- oder 45°/45° Rippenorientierung zur Faser möglich
• 20 cm³/s, 46 cm³/s, 100 cm³/s, 150 cm³/s	**Mittlere Fließweglänge**
Einspritzdruck	• 81 / 161 / 240 / 320 mm
• Ausgangsdruck aus Moldflow 840 bar	**Einlegerdicke**
• 740 bar, 840 bar, 940 bar, 1040 bar	• 2 mm oder 1 mm Organoblech möglich
Nachdruck	**Vortrocknung der Organobleche**
• 60 %, 70 %, 80 %, 90 % vom Einspritzdruck	• Vortrocknung im Heißluftofen bei 80 °C
Druckumschaltpunkt	
• Druck-/Volumengesteuerter Umschaltpunkt	

Abb. 11.3 Versuchsplan zur Untersuchung von Prozessparametern am Beispiel von Rippen-abzugsproben. (Quelle: Steffen Dralle, 2019, nicht veröffentlicht; überarbeitet durch Autor [7])

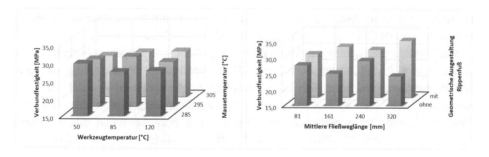

Abb. 11.4 Auszug aus den Ergebnissen der Rippenabzugsprüfung. Diagramm der Verbundfestigkeit in Abhängigkeit der Werkzeug- und Massetemperatur (links); Diagramm der Verbundfestigkeit über die mittlere Fließweglänge sowie die geometrische Ausprägung des Rippenfußes (rechts)

und Kunststoffspritzguss zu erkennen. Bei einer hohen Massetemperatur zeigt sich ein negativer Einfluss steigender Werkzeugtemperaturen, wobei die Massetemperatur von 305 °C insgesamt keinen Festigkeitsgewinn verursacht. Vorteilhaft zeigen sich in dieser Untersuchung geringere Massetemperaturen in Verbindung mit geringen oder gemäßigten Werkzeugtemperaturen. Der Einfluss der Fließweglänge besitzt einen Einfluss auf die Verbundfestigkeit, jedoch dominiert im Vergleich die geometrische Ausprägung der Rippen im Anbindungsbereich. Sie hat einen signifikanten Einfluss auf die Verbundfestigkeit, der insbesondere bei hohen Fließweglängen an Einfluss gewinnt. Aufgrund der Vielzahl der möglichen Parameter sind eindeutige Aussagen zu Abhängigkeiten jedoch nicht möglich. Festzustellen ist aber, dass jede Parametervariation zu Verbundfestigkeiten oberhalb der Auslegungsgrenze von 15 MPa führt.

11.4 Weiterentwicklung des Hybridspritzgießprozesses mithilfe werkzeugintegrierter Infraroterwärmung

Die Abhängigkeit der Verbundfestigkeit von auftretenden Prozesstemperaturen beim Hybridspritzgießen zeigen einen vorteilhaften Einfluss einer hohen Halbzeugtemperatur auf die resultierende Verbundfestigkeit. In den bisherigen Untersuchungen und Ergebnissen anderer Projekte (siehe unter anderem [3]) wurde die Halbzeugtemperatur und die Temperaturdifferenz zwischen Halbzeug und Spritzgießmasse entweder durch eine externe Vorwärmung und Überhitzung des Materials oder durch steigende Werkzeuggrundtemperierungen gelöst. Die externe Vorwärmung und Überhitzung der Halbzeuge beläuft sich auf mindestens 40 K über Schmelztemperatur, um nichttemperierte Zwischenzeiten wie Transport und Handhabung zu kompensieren [4]. Untersuchungen mit erwärmten Organoblechen zeigen einen Temperaturverlust von 10 bis 15 K/s durch Konvektion während der Handhabung. Im Kontakt mit einer kälteren Werkzeugoberfläche steigt die Abkühlrate weiter an ([5]). Wird PA 6 als Matrixwerkstoff verwendet, muss das Material auf mindestens 260 °C erwärmt werden und sollte unterhalb einer Temperatur von 140 °C entformt werden. Variotherme Werkzeugtemperierungen sind in dieser Anwendung aufgrund der hohen Temperaturamplitude unwirtschaftlich, da sie hohe Zykluszeiten und einen hohen Energiebedarf verursachen.

Wird eine materialschonende Verarbeitung angestrebt und temperaturbedingte Schädigungen beabsichtigt zu reduzieren, so muss die Erwärmung der Halbzeuge unmittelbar im Werkzeug und ohne Zeitverzug zum Spritzgießvorgang erfolgen, damit keine Abkühlung des Materials vor Beginn des Spritzgießvorgangs eintritt. Da sich variotherme Werkzeugtemperierungen für wirtschaftliche Prozesse selten eignen, wurde im Rahmen des Projekts ProVor[Plus] ein Ansatz der direkten Materialerwärmung im Werkzeug untersucht. Kern dieses Ansatzes ist die Integration konventioneller Infrarot(IR)-Strahler in das Werkzeug. Dazu müssen IR-transparente Formbereiche eingebracht werden, die einerseits einen hohen Transmissionsgrad der jeweiligen IR-Wellenlängenbereiche besitzen und andererseits die Strahler vor mechanischer Schädigung durch die Spritzgießschmelze unter Einspritzdrücken bis 1500 bar schützen. Herausfordernd stellen sich zumeist die thermischen Eigenschaften von Werkzeugen dar, da neben der Formgebung eine wichtige Aufgabe eines Werkzeugs in der schnellen Wärmeableitung aus dem Material liegt und sich sowohl die Wärmeleitfähigkeit als auch die Wärmeausdehnung transparenter Materialien, wie Keramiken oder Gläser, signifikant von denen typischer Werkzeugstähle unterscheiden.

Zur Untersuchung und Validierung des Potenzials einer solchen werkzeugintegrierten Erwärmung wurde ein Technologiedemonstrator mit zwei Erwärmungsbereichen (Abb. 11.5) aufgebaut, der in ein bestehendes Wechselwerkzeugsystem integriert werden kann [6]. Auf diese Weise kann die Technologie mit verschiedenen Kavitätsformen untersucht und erprobt

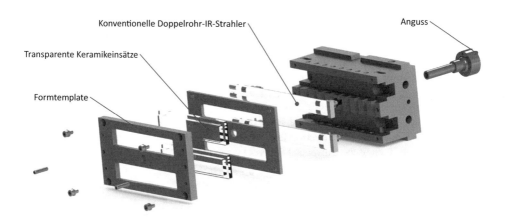

Konventionelle Doppelrohr-IR-Strahler

Anguss

Transparente Keramikeinsätze

Formtemplate

Abb. 11.5 Werkzeugkonzept mit integrierter Infraroterwärmung (nach [6])

werden (Rippenabzug, Zugscherproben, Biegeproben). Es wurden für diesen Demonstrator kurzwellige IR-Strahler vom Hersteller SR Systems verwendet. Zur Substitution des Werkzeugbereichs mit einem IR-transparenten Material wurde ein MgAl-Spinell, eine transparente Hochleistungskeramik, verwendet. In Untersuchungen zum Erwärmungsverhalten konnte eine deutliche Reduzierung der Aufheizzeit von Organoblechen im Vergleich zur externen Erwärmung erreicht werden (vgl. [5]). In Abhängigkeit des Abstands zwischen Organoblechoberfläche und Strahler sind Aufheizzeiten unter 3 s möglich. Zur vollständigen Durchwärmung von Organoblechen mit dieser Technologie ist eine ausgewogene Steuerung notwendig, damit der Energieeintrag nicht zur Schädigung führt.

Literatur

1. Pfefferkorn, T., Jakobi, R., & Nixdorf, A. (2013). Vom Laminat zum Bauteil – Endlosfaserverstärkte Thermoplaste. *Kunststoffe, 12–2013,* 94–100.
2. Wagener, C. (2019). Automobile Megatrends – Bedeutung des Karosserieleichtbaus im Zeitalter der Elektromobilität. *Tagungsband T 48 des 39. EFB-Kolloquiums Blechverarbeitung.*
3. Bonefeld, D. (2012). *Kombination Von Thermoplast-Spritzguss Und Thermoformen Kontinuierlich Faserverstärkter Thermoplaste Für Crashelemente (SpriForm): Gemeinsamer Schlussbericht Zum BMBF-Verbundprojekt; Laufzeit des Vorhabens: 01.11.2007–31.03.2011.* Hannover: Technische Informationsbibliothek und Universitätsbibliothek.
4. Behrens, B.-A., Raatz, A., Hübner, S., Bonk, C., Bohne, F., Bruns, C., & Micke-Camuz, M. (2017). Automated stamp forming of continuous fiber reinforced thermoplastics for complex shell geometries. *1st Cirp Conference on Composite Materials Parts Manufacturing, Procedia CIRP, 66,* 113–118.

5. Beuscher, J. P., Schnurr, R., Müller, A., Kühn, M., & Dröder, K. (2018). Process developement for manufacturing hybrid components using an in-mould infrared heating device. In 18th European conference on composite materials ECCM18, Athens.
6. Beuscher, J. P., Schnurr, R., Müller, A., Kühn, M., & Dröder, K. (2017). Introduction of an in-mould infrared heating device for processing thermoplastic fibre-reinforced preforms and manufacturing hybrid components. In 21st international conference on composite materials ICCM21, Xi'an.
7. Dralle, S. (2019). Untersuchung von Prozessparametern auf die Verbundhaftung von spritzgegossenen Rippen auf thermoplastischen Halbzeugen. Abschlussarbeit im Masterstudiengang Maschinenbau, Technische Universität Braunschweig, nicht veröffentlicht.

Bewertung des One-Shot- und Two-Shot-Prozesses anhand der resultierenden Verbundhaftung

12

Einfluss von Prozessführung und Rippengeometrie auf Verbundeigenschaften

Paul Zwicklhuber, Jan P. Beuscher⦿, Raphael Schnurr und Anke Müller⦿

Zusammenfassung

Im Forschungsprojekt ProVor^PLUS soll die Herstellung einer Batteriewanne aus einem Organoblech untersucht werden. Um ein Organoblech auf einer Spritzgießmaschine verarbeiten zu können, muss es in einem vorgelagerten Prozessschritt auf eine Umformtemperatur erwärmt werden. Anschließend kann das biegeschlaffe Organoblech in einer Spritzgussmaschine umgeformt und gegebenenfalls mit Spritzguss funktionalisiert werden. Bei komplizierten Geometrien kann es von Vorteil sein, den Umformschritt und den Funktionalisierschritt mit Spritzguss zu trennen. Somit kann Komplexität aus dem Werkzeug genommen werden und die Prozessführung sowie die Prozessautomatisierung können einfacher werden. Bei einem einstufigen Prozess wird das Organoblech in einem Ofen auf eine Umformtemperatur über dem Schmelzpunkt der Matrix erwärmt. Das erwärmte und biegeschlaffe Halbzeug wird in weiterer Folge in das Werkzeug transferiert, wo es mit der Schließbewegung des Werkzeugs umgeformt wird. Wird das Bauteil nach der Umformung zusätzlich mit Spritzguss funktionalisiert, so spricht man von einem einstufigen Prozess. Bei einem mehrstufigen Prozess werden der Umformschritt und die Funktionalisierung mittels Spritzguss voneinander getrennt. Somit wird bei einem mehrstufigen Prozess das Organoblech bei

P. Zwicklhuber (✉)
ENGEL Austria GmbH, Linz, Österreich
E-Mail: paul.zwicklhuber@engel.at

J. P. Beuscher · R. Schnurr · A. Müller
Institut für Werkzeugmaschinen und Fertigungstechnik, Technische Universität Braunschweig, Braunschweig, Deutschland

© Springer-Verlag GmbH Deutschland, ein Teil von Springer Nature 2020
K. Dröder (Hrsg.), *Prozesstechnologie zur Herstellung von FVK-Metall-Hybriden,* Zukunftstechnologien für den multifunktionalen Leichtbau,
https://doi.org/10.1007/978-3-662-60680-3_12

einer Temperatur unterhalb des Polymerschmelzpunkts angespritzt. Da die Halbzeugtemperatur einen sehr großen Einfluss auf die Verbundhaftung zwischen Organoblech
und Spritzguss hat, sollen für beide Prozessrouten vergleichend mithilfe desselben
Werkzeugaufbaus die optimalen Prozessparameter gefunden werden.

12.1 Versuchsaufbau

12.1.1 Versuchswerkzeug

Für die Herstellung der Probekörper wurde ein Werkzeug verwendet, das zwei Formein-
sätze aufweist: einen glatten Formeinsatz, der die Spritzgussgeometrie nicht beinhaltet,
und ein Formeinsatz mit eingebrachter Spritzgussgeometrie. Um prozessrelevante Daten
aufzuzeichnen, befinden sich im Werkzeug Drucksensoren, die den Spritzdruck kontinuierlich aufzeichnen. Die Halbzeugtemperatur (Oberflächentemperatur) wird mit einem Infra-
rot(IR)-Temperatursensor aufgezeichnet. In Abb. 12.1 ist das Versuchsbauteil zu erkennen,
wobei das Organoblech blau und die Spritzgusskomponenten grün dargestellt werden.

12.1.2 Bauteilherstellung

Die Bauteile wurden auf einer Engel v-duo 700 hergestellt. Als Organoblech wurde ein
2 mm dickes Halbzeug mit Glasfasergewebe und PA6-Matrix und als Spritzgießmaterial
ein PA 6.6 mit einem Glasfaseranteil von 50 % verwendet. Folgende Prozessparameter
wurden bei der Bauteilherstellung eingesetzt (Tab. 12.1):

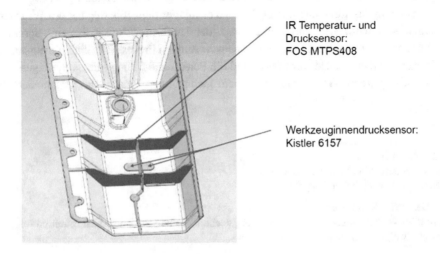

IR Temperatur- und
Drucksensor:
FOS MTPS408

Werkzeuginnendrucksensor:
Kistler 6157

Abb. 12.1   Versuchsbauteil mit Messpunkten

Tab. 12.1 Prozessparameter

Prozessparameter	One-Shot	Two-Shot
Werkzeugtemperatur (°C)	90–120	90–120
Infrarotofentemperatur (°C)	280	RT, 150–210
Einspritztemperatur (°C)	Gemessen	Gemessen
Massetemperatur (°C)	Laut Datenblatt 295–300	Laut Datenblatt 295–300
Einspritzdruck	Hoch	Hoch
Einspritzgeschwindigkeit	Schnell	Schnell

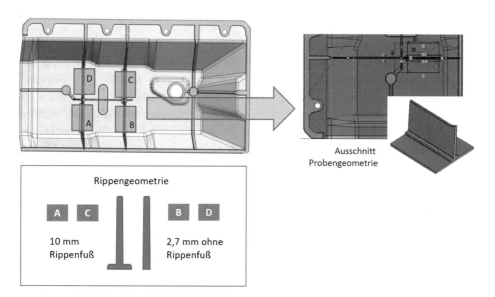

Abb. 12.2 Demonstrator und Lage der Prüfkörper (oben), Ausschnittsbemaßung der Probengeometrie (rechts), Querschnitt der Rippengeometrie (unten)

12.1.3 Prüfkörperentnahme für die Haftungsprüfung

Um die Verbundhaftung zwischen Organoblech und Spritzguss untersuchen zu können, wurden mittels Wasserstrahlschneiden Prüfkörper aus dem gefertigten Wannenmodelldemonstrator herausgetrennt. Die Prüfkörper konnten in weiterer Folge noch angussnah bzw. angussfern sowie mit Rippenfuß oder ohne Rippenfuß sein (Abb. 12.2).

12.1.4 Prüfung

Die Prüfkörper wurden mittels Stirnabzugtest geprüft. Das bedeutet, dass die Spritzgussrippe hierbei normal vom Organoblech abgezogen wird. Vor der Prüfung wurden die Probekörper noch für zumindest 8 Tage bei 23 °C und 50 % relative Luftfeuchtigkeit konditioniert. Bei der Prüfung selbst wurde eine Vorkraft von 150 N gewählt, die Prüfung wurde mit einer Geschwindigkeit von 5 mm/min durchgeführt (Abb. 12.3).

12.1.5 Versuchsergebnisse

In Diagramm (Abb. 12.4) sind die Ergebnisse der Verbundhaftung aus dem zweistufigen Prozess in einer Punktwolke dargestellt. Hierbei weisen die Bruchspannungen erwartungsgemäß bei den Prüfkörpern mit Rippenfuß wesentlich höhere Festigkeiten auf als ohne Rippenfuß. Weiterhin sind im Diagramm auch die gezielt variierten Temperaturen des Organoblechs zum Zeitpunkt des Anspritzens gezeigt. Hier betragen die tatsächlich gemessenen Temperaturen zwischen 85 °C und 180 °C. Bei zwei Versuchen wurden die Halbzeuge auch bei Raumtemperatur ins Werkzeug eingelegt und wurden somit ausschließlich vom Werkzeug (Werkzeugtemperatur 90 °C bzw. 120 °C, 10 s Wartezeit) geheizt. Bei den Versuchen mit Organoblechtemperaturen über 120 °C wurden die Organobleche in einem vorgelagerten Prozessschritt vorgewärmt. Wird die Verbundhaftung über der Anspritztemperatur bei den Prüfkörpern mit Rippenfuß betrachtet, so kann beobachtet werden, dass sich die Ergebnisse angussnah und angussfern gegensätzlich

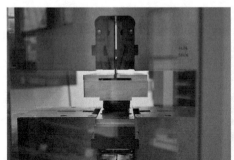

Abb. 12.3 Prüfvorrichtung für Stirnabzugstest für Rippengeometrien (links), Zwick Z050 Prüfmaschine (mitte), Prüfkörper nach Prüfung (rechts)

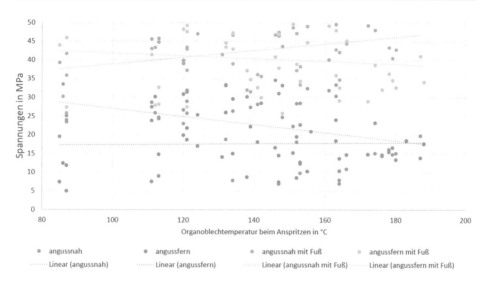

Abb. 12.4 Übersicht der Ergebnisse der Verbundhaftung bei zweistufiger Prozessführung

verhalten. Allerdings konnten bei höheren Anspritztemperaturen auch leicht höhere Bruch-spannungen erreicht werden. Die Messergebnisse von den Prüfkörpern ohne Rippenfuß weisen eine noch höhere Streuung auf. Deshalb wurden in weiterer Folge nur mehr die Prüfkörper mit Rippenfuß betrachtet.

Abschließend wurde noch die Verbundhaftung der Spritzgussrippen bei der ein-stufigen bzw. zweistufigen Prozessführung verglichen (Abb. 12.5). Grundsätzlich kann

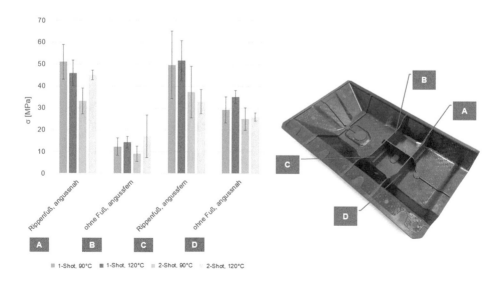

Abb. 12.5 Vergleich der Verbundhaftung zwischen One-Shot- und Two-Shot-Prozessführung

hier beobachtet werden, dass die Rippen mit Rippenfuß erwartungsgemäß besser am Organoblech anhaften als die Rippen ohne Fuß, da die Anbindungsfläche größer ist. Bei der Werkzeugtemperatur konnte entgegen der aus dem Stand der Technik getroffenen Annahme kein eindeutiger Einfluss auf die Verbundhaftung festgestellt werden. Werden einstufiger und zweistufiger Prozess miteinander verglichen, so können beim einstufigen Prozess höhere Verbundhaftungen erreicht werden. Die Ergebnisse zeigen jedoch deutliche Schwankungen der Festigkeitssteigerung in Abhängigkeit der Position und Ausführung.

Somit kann abschließend festgehalten werden, dass die Prozessführung und die Rippengeometrie einen erheblichen Einfluss auf die Verbundhaftung zwischen Halbzeug und Spritzgussrippe haben. Der größte Einflussfaktor für eine gute Verbundhaftung ist die Rippengeometrie. Hier konnte gezeigt werden, dass Masseanhäufungen am Rippenfuß einen positiven Einfluss auf die Verbundhaftung haben.

Bei der Prozessführung haben hohe Prozesstemperaturen einen positiven Einfluss auf die Verbundhaftung. Je nach Rippengeometrie hat auch die Fließweglänge einen Einfluss auf die Verbundhaftung. So zeigen Rippengeometrien mit Masseanhäufungen am Rippenfuß nur eine geringe Veränderung der Verbundhaftung. Befindet sich am Rippenfuß keine Materialanhäufung, zeigten die Versuche, dass sich längere Fließweglängen negativ auf die Verbundhaftung auswirken. Dies lässt sich durch den geringeren Spritzdruck und durch die geringere Massetemperatur während der Rippenausformung erklären [1].

Literatur

1. Zwicklhuber, P. (2018). Fibre-reinforced plastics perfectly bonded – Investigation of the adhesion of injection moulding and FRP. Presented at Conf. Faszination hybrider Leichtbau, May 29–30, 2018, Wolfsburg.

Laservorbehandlung zur Haftungsverbesserung bei Metall-Faserverbund-Hybridstrukturen

Untersuchungen zum wärmeunterstützten Pressfügen

Kristian Lippky, Sven Hartwig[ID] und Klaus Dilger

Zusammenfassung

Das wärmegestützte Pressfügen dient der direkten Anbindung einer thermoplastischen Matrix an eine Stahloberfläche. Eine Laservorbehandlung wird zu Beginn mithilfe von Rauheitsmessungen und rasterelektronenmikroskopischen Aufnahmen charakterisiert. Die eingesetzte Vorbehandlungstechnik konnte in den durchgeführten Versuchen nachweisen, dass eine typische Kontamination mit Tiefzieh- und Korrosionsschutzölen von 3 g/m^2 sicher entfernt werden kann. Des Weiteren sind Untersuchungen zum Temperatureinsatzbereich von Pressfügeverbindungen vorgenommen worden, die handhabungsfeste Verbindungen (1–2 MPa) bis 200 °C nachgewiesen haben. Die zum Abschluss durchgeführten Alterungsuntersuchungen (Salzsprühnebeltest) zeigten, dass bei richtiger Parameterauswahl keine Beeinträchtigung durch die Alterung zu erkennen ist.

Die in diesem Abschnitt beschriebenen Untersuchungen basieren auf den Prozessvorgaben zur Vorkonfektionierung. Dabei sollte innerhalb einer Taktzeit von etwa 20 s eine hybride Vorform aus einem Stahl und einem thermoplastischen Faserverbundkunststoff aufgebaut werden. Die hierfür eingesetzte Fügetechnik, das wärmeunterstützte Pressfügen, basiert auf der direkten Anbindung der thermoplastischen Matrix an die Stahloberfläche durch Aufschmelzen. Im Rahmen der Vorkonfektionierung wird die für

K. Lippky (✉) · S. Hartwig · K. Dilger
Institut für Füge- und Schweißtechnik, Technische Universität Braunschweig, Braunschweig, Deutschland

K. Lippky
E-Mail: k.lippky@tu-braunschweig.de

© Springer-Verlag GmbH Deutschland, ein Teil von Springer Nature 2020
K. Dröder (Hrsg.), *Prozesstechnologie zur Herstellung von FVK-Metall-Hybriden*, Zukunftstechnologien für den multifunktionalen Leichtbau, https://doi.org/10.1007/978-3-662-60680-3_13

das Aufschmelzen benötigte Energie durch einen Induktor bereitgestellt. Dieser kann gleichzeitig eine Anpresskraft übertragen, um eine Konsolidierung der beiden Fügeteile während des Prozesses zu gewährleisten. Die Fügetemperatur während des Prozesses bewegt sich in einem vorher definierten Prozessfenster von $240 \pm 10\,°C$. Aufgrund der späteren Verwendung vorgeformter Metallteile ist eine Kontamination mit Tiefzieh- und Korrosionsschutzölen unvermeidbar. Da dies eine Anbindung der thermoplastischen Matrix behindert, wurde im Rahmen des Projekts nach einer Vorbehandlungstechnik gesucht, die sowohl die Oberflächenkontamination entfernen als auch eine Strukturierung erreichen kann, um den Formschluss beim wärmeunterstützten Pressfügen zu erhöhen. Hierfür wurde die Laservorbehandlung ausgewählt, da bereits verschiedene Untersuchungen die Tauglichkeit einer Laservorbehandlung zum Entfernen von Kontaminationen nachgewiesen [1, 2] und andere die Strukturierung von Aluminium bzw. Edelstahl betrachtet haben [3–12]. Mit diesen Voruntersuchungen wird daher die grundsätzliche Eignung zur gleichzeitigen Strukturierung und Kontaminationsentfernung in einem Schritt bei einem Einsatz verzinkter und unverzinkter Stähle betrachtet.

Die in diesem Abschnitt dargestellten Ergebnisse werden anhand von Zugscheruntersuchungen in Anlehnung an die DIN EN 1465 mit einer Mindestprobenanzahl von fünf erzeugt. Als Materialien für die Zugscheruntersuchungen kommen das definierte Organoblech (glasfaserverstärktes PA 6, Gewebe: Köper 50:50) und zwei Stahlwerkstoffe (DC01 und HX340 LAD Z100MB) zum Einsatz. Der Unterschied bei den beiden Stahlwerkstoffen besteht neben dem unterschiedlichen Grundmaterial vornehmlich in der Verzinkung, die beim HX340 vorhanden ist, da diese den Effekt einer Laservorbehandlung beeinflussen kann.

13.1 Analyse der Oberflächen nach einer Laservorbehandlung

Die Veränderungen an der Stahloberfläche durch eine Laservorbehandlung sind mithilfe verschiedener Analysemethoden untersucht worden; ausgewählte Aufnahmen der Rasterelektronenmikroskopie (REM) sind in Abb. 13.1 dargestellt. Die verzinkte Stahloberfläche zeigt im Ausgangszustand eine Oberfläche, die durch Zinkansammlungen und Risse charakterisiert ist ($R_Z = 5{,}5 \pm 0{,}3\,\mu m$). Durch die Vorbehandlung der Oberfläche mit den hier eingesetzten Vorbehandlungsintensitäten (gering, mittel und hoch) verändert sich die Substratoberfläche. Die Laservorbehandlung mit einer geringen Intensität (L1) erzeugt ein wiederkehrendes Muster, das sich durch die Wechselwirkung des Laserstrahls mit der Oberfläche einstellt ($R_Z = 14{,}1 \pm 1{,}4\,\mu m$). Bei der Wechselwirkung kommt es, je nach Intensität, mit der die Oberfläche vorbehandelt wird, zu einer Mischung aus Umschmelzen und Sublimation des Zinks bzw. des darunterliegenden Stahlsubstrats [13]. Die Steigerung der Vorbehandlungsintensität auf eine mittlere Intensität (L2) erzeugt eine feinere Strukturierung ($R_Z = 15{,}9 \pm 4{,}0\,\mu m$). Im Vergleich zur geringen Intensität wurde der Spürüberlapp der Laserbearbeitungsspuren verringert, wodurch die Kraterränder einer Bearbeitungsspur mehrmals auf- bzw. umgeschmolzen werden.

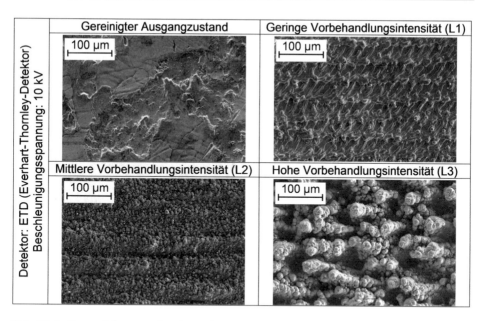

Abb. 13.1 Rasterelektronenmikroskopische Aufnahmen des HX340 vor und nach einer Laservorbehandlung. (Mit verschiedenen Vorbehandlungsparametern)

Dadurch erklären sich die feinere Strukturierung der Oberfläche und der geringe Anstieg der Rauheit. Wird die höchste hier betrachtete Vorbehandlungsintensität für die Oberflächenvorbehandlung verwendet, zeigt sich abermals eine Veränderung der Oberflächentopographie. Eine im Vergleich zu L2 verringerte Bearbeitungsgeschwindigkeit führt zu einer weiteren Überlagerung der Bearbeitungsimpulse des Lasers, was den erhöhten Materialabtrag bzw. die gesteigerte mittlere Rauheit erklärt ($R_Z = 35{,}4 \pm 2{,}3$ µm). Die Oberflächentopographie lässt sich durch die Laservorbehandlung gegenüber dem Ausgangszustand verändern. Die erzeugten Hinterschnitte sowie die durch die thermischen Prozesse bedingte verstärkte Oxidbildung tragen zu einer Verbesserung sowohl des Formals auch des Stoffschlusses der thermoplastischen Matrix bei.

Die bei der Laservorbehandlung gebildeten Oxide lassen sich bei detaillierteren Betrachtungen der Oberfläche als eine Art Härchenstruktur auflösen. Eine solche Aufnahme zeigt Abb. 13.2. In weiterführenden Untersuchungen zur Bestimmung der Oberflächenelemente konnte gezeigt werden, dass es sich bei diesen feinen Strukturen um eine Mischung aus Zink, Eisen und Sauerstoff handelt [14]. Diese Mischverbindungen sind auch bei anderen Wärmebehandlungsprozessen (wie z. B. dem Galvannealing [15] oder der Thermodiffusionsverzinkung [16] bekannt. Auch wurden ähnliche Oxidstrukturen bei der Laservorbehandlung von Aluminiumlegierungen beobachtet [17].

Die weiteren Untersuchungen zur Anhaftung von thermoplastischen Faserverbundkunststoffen werden nun vor dem Hintergrund der hier dargelegten Erkenntnisse

Abb. 13.2 Detailaufnahme
eines HX340 nach einer
Laservorbehandlung mit hoher
Intensität

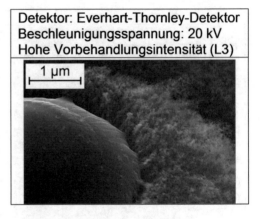

Detektor: Everhart-Thornley-Detektor
Beschleunigungsspannung: 20 kV
Hohe Vorbehandlungsintensität (L3)

1 µm

durchgeführt. Eine der wichtigsten Erkenntnisse der Oberflächenanalytik ist die Feststellung, dass die Oberfläche sich nicht nur in der Topografie, sondern auch in ihrer chemischen Zusammensetzung durch die Laservorbehandlung verändert.

13.2 Einfluss von Kontaminationen auf die erreichbaren Zugscherfestigkeiten

Die Untersuchungen zum Einfluss eines typischen Kontaminationsgrades (3 g/m^2 – Tiefzieh- und Korrosionsschutzöl) auf die erreichbaren Zugscherfestigkeiten einer wärmeunterstützten Pressfügeverbindung mit und ohne Laservorbehandlung sind in Abb. 13.3 dargestellt.

Die Ergebnisse belegen, dass sich im unbehandelten Ausgangszustand (UBH) sowohl mit einem unverzinkten (DC01) oder einem verzinkten Material keine hohen Festigkeiten erzielen lassen. Darüber hinaus zeigt sich auf den unbehandelten Oberflächen der Einfluss einer Kontamination durch ein vollständiges Versagen der Proben vor der Prüfung (DC01) bzw. eine größere Standardabweichung der Ergebnisse (HX340). Eine Laservorbehandlung der beiden Stahlfügeteile führt zu einem Anstieg der Festigkeiten. Bereits die geringste hier betrachtete Vorbehandlungsintensität hat einen Anstieg der Festigkeiten gegenüber der unbehandelten Referenz zur Folge. Gleichzeitig zeigt der Vergleich zwischen einem gereinigten und laservorbehandelten Substrat gegenüber einem kontaminierten und laservorbehandelten Substrat, dass kein Abfall der Festigkeit zu erkennen ist (DC01). Lediglich beim verzinkten Material fällt die Festigkeit durch eine Kontamination gegenüber der gereinigten Referenz ab. Dies wird mit der geringen Vorbehandlungsintensität in Verbindung mit der vorhandenen Verzinkung erklärt. Hierbei kann das aufgebrachte Öl in vorhandene Poren und Risse eindringen und wird durch die Laservorbehandlung wiederum freigelegt. Diese Vermutung wird durch die beiden höheren Vorbehandlungsintensitäten bestätigt, da hierbei kein Abfall der Festigkeiten mehr

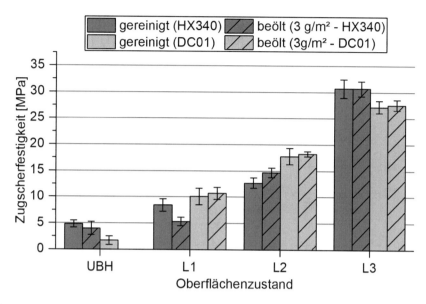

Abb. 13.3 Zugscherfestigkeiten unbehandelter (UBH) und laservorbehandelter Zugscherproben mit geringer (L1), mittlerer (L2) und hoher (L3) Vorbehandlungsintensität auf gereinigten bzw. beölten Oberflächen

zu beobachten ist. Die mittlere Vorbehandlungsintensität erreicht Festigkeiten von etwa 18 MPa (DC01) und etwa 15 MPa (HX340), ein Vergleich zwischen den beiden Substraten ist aufgrund der unterschiedlichen Streckgrenzen der beiden Stahlwerkstoffe nicht zulässig. Die höchste Vorbehandlungsintensität erreicht in diesem Versuch die höchsten Festigkeiten mit etwa 28 MPa (DC01) bzw. 31 MPa (HX340). Die mithilfe des wärmeunterstützten Pressfügens und einer Laservorbehandlung erzeugten Zugscherverbindungen erreichen somit strukturelle Festigkeiten und sind gegenüber der hier eingesetzten typischen Kontamination (3 g/m²) stabil, sofern eine mittlere und hohe Vorbehandlungsintensität bei verzinktem Material eingesetzt wird.

13.3   Einfluss verschiedener Prüftemperaturen auf die erreichbaren Zugscherfestigkeiten

Neben der zuvor geprüften Kontaminationstoleranz ist die Temperaturstabilität bei wärmeunterstützten Pressfügeverbindung von hohem Interesse, da die Verbindung sowohl im Betrieb als auch beim Herstellungsprozess zum Teil hohen Temperaturen standhalten muss (z. B. Lacktrocknung oder Infrarot Ofen für die weitere umformende Verarbeitung). Daher wurden Zugscherversuche bei unterschiedlichen Prüftemperaturen durchgeführt, um die Einsatzgrenzen einer Pressfügeverbindung festzustellen. Die Ergebnisse dieser Versuchsreihe sind in Abb. 13.4 dargestellt.

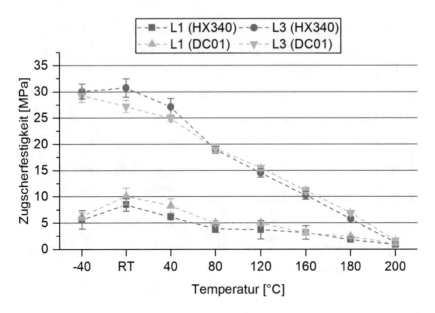

Abb. 13.4 Zugscherfestigkeiten bei verschiedenen Prüftemperaturen von Proben mit einer geringen (L1) und hohen (L3) Vorbehandlungsintensität (die eingezeichneten Linien dienen lediglich der Veranschaulichung) in Anlehnung an [18]

Die Ergebnisse zeigen, dass sich mit zunehmender Temperatur je nach gewählter Vorbehandlungsintensität ein mehr oder weniger kontinuierlicher Festigkeitsabfall einstellt. Die hohe Vorbehandlungsintensität verzeichnet gegenüber der geringen einen nahezu linearen Festigkeitsabfall bei ansteigender Prüftemperatur. Demgegenüber verzeichnet die geringe Vorbehandlungsintensität einen Festigkeitsabfall lediglich für die ersten beiden Temperaturstufen (40 und 80°C) und bleibt danach nahezu konstant. Interessant für den Rohbauprozess sind die Festigkeiten bei Temperaturen von 180 und 200 °C, da ab einer gewissen Festigkeit eventuell auf zusätzliche Fixierungshilfen verzichtet werden kann. Bei 180 °C existiert noch ein Unterschied zwischen den beiden Vorbehandlungsparametern. Eine geringe Vorbehandlungsintensität erzielt hier Festigkeiten von etwa 2 MPa, demgegenüber erzielt die hohe Vorbehandlungsintensität Festigkeiten von etwa 5 bis 7 MPa. Erst ab einer Prüftemperatur von 200 °C scheint die thermoplastische Matrix das Versagen zu dominieren, da beide untersuchten Vorbehandlungsparameter zu gleichen Festigkeiten von etwa 0,8 bis 1,6 MPa führen. Damit befinden sich die Festigkeiten bei 200 °C knapp an der Grenze zur Handhabungsfestigkeit von 1 bis 2 MPa. Weiterführende Untersuchungen zu Herstellungs- und Betriebseinflüssen wurden durchgeführt [18]. Nachdem die Rohbautauglichkeit der wärmeunterstützten Pressfügeverbindung untersucht wurde, wird noch eine Versuchsreihe zur Alterungsstabilität der Laservorbehandlung in Kombination mit einer Pressfügeverbindung vorgestellt.

13.4 Einfluss einer Salzsprühnebelalterung auf die erreichbaren Zugscherfestigkeiten

Die Alterungsstabilität einer Verbindung ist entscheidend für den späteren Einsatz. Daher wurde für die Untersuchung ein Salzsprühnebeltest in Anlehnung an den PV1210 [19] mit den verzinkten Stahlblechen (HX340 LAD Z100 MB) durchgeführt. Um eine Unterwanderungskorrosion ausgehend von den Schnittkanten der Zugscherproben zu vermeiden, wurden die Proben vor der Alterung mithilfe einer kathodischen Tauchlackierung passiviert. Der Vorteil bei dieser Art der Lackierung ist, dass lediglich das metallische Fügeteil beschichtet wird, da nur dieses Strom leitet. Somit wird eine Behinderung der Wasseraufnahme des Organoblechs ausgeschlossen und der Übergangsbereich bleibt ebenfalls nahezu frei von Lack. Des Weiteren haben die Proben den Trocknungsprozess im Anschluss an den Lackprozess durchlaufen. Um eine einheitliche Feuchte der Probenkörper vor der Prüfung zu gewährleisten, erfolgte im Anschluss sowohl an die Lacktrocknung als auch nach der Alterung eine Lagerung der Probenkörper bei Raumklima (etwa 23 °C/50% relative Feuchte) für mindestens eine Woche. Die so vorbereiteten Probenkörper wurden in Anlehnung an den PV1210 für 30, 60 und 90 Zyklen ausgelagert und geprüft. Die Ergebnisse zeigt die Abb. 13.5.

Die Referenzreihen (nach dem Lacktrocknungsofen) zeigen einen Festigkeitsabfall gegenüber der Referenzreihe der Kontaminationsuntersuchungen, dieser Abfall wird auf eine Kombination aus Delta-alpha-Spannungen und die bei diesen Temperaturen

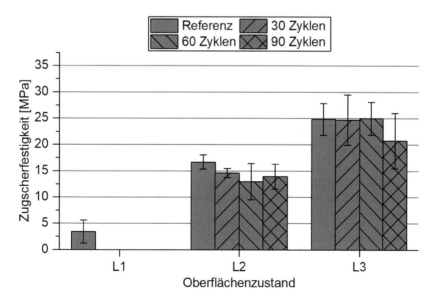

Abb. 13.5 Zugscherfestigkeiten nach einer Salzsprühnebelalterung (PV1210) in Anlehnung an [14]

stattfindende Kettenumlagerung zurückgeführt. Die eingesetzten Vorbehandlungsparameter zeigen über den Verlauf der Alterung ein unterschiedliches Ergebnis. Eine
geringe Vorbehandlungsintensität (L1) versagt bereits nach 30 Zyklen mit starken
Korrosionsanzeichen in der Grenzschicht. Demgegenüber sind die beiden höheren Vorbehandlungsintensitäten nahezu konstant über den betrachteten Zeitverlauf. Der Abfall
bei der höchsten Vorbehandlungsintensität lässt sich auf eine Probe zurückführen, die eine
starke Unterwanderungskorrosion aufwies, dadurch erklärt sich auch die höhere Standardabweichung bei dieser Versuchsreihe. Weiterführende Untersuchungen zur Alterung von
wärmeunterstützt gefertigten Pressfügeverbindungen wurden in [14] durchgeführt.

Die vorgestellten Untersuchungsergebnisse zeigen das Potenzial des wärmeunterstützten Pressfügens in Kombination mit einer Laservorbehandlung. Die erreichten
Festigkeiten bewegen sich auf einem vergleichbaren Niveau mit typischen Epoxidharzklebstoffen, die derzeit im automobilen Rohbau zum Einsatz kommen. Darüber hinaus konnte mithilfe der weiterführenden Untersuchungen die Tauglichkeit der
Laservorbehandlung zur Reinigung und Strukturierung von Stahlblechen in einem Vorbehandlungsschritt aufgezeigt werden. Die Problematik, dass die Zinkschicht durch
die Laservorbehandlung entfernt wird, hat nicht immer einen negativen Einfluss auf
die Alterungsstabilität, wie die durchgeführte Salzsprühnebelalterung zeigt. Hier zeigten sich Vorbehandlungsparameter als alterungsstabil, die eine hohe Menge an Misch-
oxiden an der Oberfläche besitzen (mittlere und hohe Vorbehandlungsintensität). Für die
Zukunft sind Untersuchungen zum detaillierten Verständnis der Vorgänge während der
Laservorbehandlung und der Wechselwirkung zwischen thermoplastischer Matrix und
Metall angestrebt. Eine weitere Skalierung des Laserprozesses ist aufgrund der bisher
nur für den Laborprozess geeigneten Vorbehandlungszeiten ebenfalls notwendig.

Literatur

1. Büchter, E. (2012). A green way to clean – Laser cleaning. *Laser Technik Journal, 9*(5), 36–38.
2. Büchter, E. (2018). Cleaning with light. *Laser Technik Journal, 15*(2), 36–39.
3. Fuchs, A. N., Wirth, F. X., Rinck, P., & Zaeh, M. F. (2014). Laser-generated macroscopic and microscopic surface structures for the joining of aluminum and thermoplastis using friction press joining. *Physics Procedia, 56*, 801–810.
4. Hose, R. (2008). *„Laseroberflächenvorbehandlung zur Verbesserung der Adhäsion und Alterungsbeständigkeit von Aluminiumklebungen"*. Dissertation, Aachen: Shaker Verlag.
5. Rechner, R., Jansen, I., & Beyer, E. (2010). Influence on the strength and aging resistance of aluminium joints by laser pre-treatment and surface modification. *International Journal of Adhesion and Adhesives, 30*(7), 595–601.
6. Rodríguez-Vidal, E., Soriano, C., Leunda, J., & Verhaeghe, G. (2016). Effect of metal micro-structuring on the mechanical behavior of polymer-metal laser T-joints. *Journal of Materials Processing Technology, 229*, 668–677.
7. Roesner, A., Scheik, S., Olowinsky, A., Gillner, A., Reisgen, U., & Schleser, M. (2011). Laser assisted joining of plastic metal hybrids. *Physics Procedia, 12*, 370–377.

8. Rechner, R., Jansen, I., & Beyer, E. (2012). *Laseroberflächenvorbehandlung von Aluminium zur Optimierung der Oxideigenschaften für das strukturelle Kleben*. In Proc. 2. Doktorandenseminar Klebtechnik, Düsseldorf: DVS Media.
9. Stammen, E., Dilger, K., Böhm, S., & Hose, R. (2007). Surface modification with laser: Pre-treatment of aluminium alloys for adhesive bonding. *Plasma Process and Polymers, 4*(S01), 39–43.
10. van der Straeten, K., Burkhardt, I., Olowinsky, A., & Gillner, A. (2016). Laser-induced self-organizing microstructures on steel for joining with polymers. *Physics Procedia, 83,* 1137–1144.
11. Wirth, F. X., Fuchs, A., Rinck, P., & Zaeh, M. F. (2014). Friction press joining of laser-texturized aluminum with fiber reinforced thermoplastics. *Advanced Material Research, 966–967,* 536–545.
12. Zhang, Z., Shan, J., Tan, X., & Zhang, J. (2017). Improvement of the laser joining of CFRP and aluminum via laser pre-treatment. *International Journal of Advanced Manufacturing Technology, 90*(9–12), 3465–3472.
13. Hügel, H. (1992). *Strahlwerkzeug Laser*. Wiesbaden: Vieweg + Teubner.
14. K. Lippky, S. Hartwig, D. Blass, and K. Dilger, "Bonding Performance After Aging of Fusion Bonded Hybrid Joints," International Journal of Adhesion and Adhesives, 2019.
15. Goodwin, F. E. (2013). Developments in the production of galvannealed steel for automotive. *Transaction of the Indian Institute of Metals, 66*(5–6), 671–676.
16. Goepfarth, M. (2017). Oberflächenveredelung in der Gasphase. *Journal für Oberflächentechnik, 57*(4), 26–29.
17. Rechner, R. (2011). „*Laseroberflächenvorbehandlung von Aluminium zur Optimierung der Oxideigenschaften für das strukturelle Kleben*". Dissertation, München: Dr. Hut Verlag.
18. Lippky, K., Mund, M., Blass, D., & Dilger, K. (2018). Investigation of hybrid fusion bonds under varying manufacturing and operating procedures. *Composite Structures, 202,* 275–282.
19. Eichleiter, F. (2012). „*Fertigungs- und prozessbedingte Eigenschaften von Klebverbindungen im Karosseriebau*". Dissertation, Aachen: Shaker Verlag.

Teil IV

Herstellung des Bauteildemonstrators

Konzeptentscheid

14

Festlegung der zu verfolgenden Prozesskette für den Funktionsdemonstrator

Sierk Fiebig und Florian Glaubitz

Zusammenfassung

Der Konzeptentscheid basiert auf der Einhaltung der Bauteil- und Fertigungsanforderungen sowie der Betrachtung des Gesamtprozesses und der Wirtschaftlichkeit. Auf der Grundlage der Ergebnisse der Vorabuntersuchungen hinsichtlich der zu verarbeitenden Materialien und Fertigungsverfahren wurde der Fertigungsprozess kontinuierlich weiterentwickelt. Eine wirtschaftliche Fertigung von hybriden Bauteilen mit Verbundmaterialien erfordert einen automatisierten Fertigungsprozess sowie eine hohe Funktionsintegration, um die Mehrkosten der Materialien auszugleichen.

14.1 Gesamtprozess

Während des Produktentwicklungsprozesses innerhalb der Phase der Bauteilkonstruktion findet im Allgemeinen eine Weiterentwicklung des Bauteils statt, wodurch sich Eigenschaften eines Produkts nochmals ändern können. Da die gesetzten Gewichts-, Kosten-, Fertigungs- und Funktionsanforderungen einander bedingen, ist ein Tracking dieser während der Bauteilkonstruktion wesentlich. Mit zunehmender Konkretisierung des Herstellprozesses wurde daher die Konstruktion immer weiter detailliert. Auf Grundlage der Zwischenergebnisse wurden entsprechende Maßnahmen abgeleitet, um Gewicht sowie Bauteil- und Werkzeugkosten zu optimieren. Seitens der Volkswagen AG wurde in der Gesamtprozessentwicklung auf Basis des jeweils aktuellen Informationsstands im Projekt ProVor^PLUS die Eignung für die industrielle Anwendbarkeit betrachtet. Dies erfolgte

S. Fiebig (✉) · F. Glaubitz
Volkswagen AG, Braunschweig/Wolfsburg, Deutschland
E-Mail: sierk.fiebig@volkswagen.de

© Springer-Verlag GmbH Deutschland, ein Teil von Springer Nature 2020
K. Dröder (Hrsg.), *Prozesstechnologie zur Herstellung von FVK-Metall-Hybriden,* Zukunftstechnologien für den multifunktionalen Leichtbau,
https://doi.org/10.1007/978-3-662-60680-3_14

insbesondere hinsichtlich des Zeitaufwands und in der Regel im Rahmen von Arbeits-
treffen und bilateralen Diskussionen.

Begleitende Versuche mit verschiedenen Demonstratorgeometrien sowie mit variab-
len Materialkombinationen unterstützten diesen Prozess. Verschiedene Materialkombinationen von Verstärkungsfasern und thermoplastische Matrixsysteme wurden
herangezogen und untersucht. Zur Verarbeitung der Materialien in der Demonstrator-
geometrie waren die Materialien bezüglich der Verarbeitungseigenschaften in den verschiedenen Fertigungs- und Handhabungsschritten sowie der daraus resultierenden
mechanischen Eigenschaften zu charakterisieren. Die Ergebnisse wurden als Grundlage
für einzelne Prozessschritte, z. B. die Erwärmung der thermoplastischen Faserverbund-
halbzeuge, herangezogen.

Des Weiteren wurde ein Handling-System evaluiert, um das Verhalten der
erwärmten Thermoplasthalbzeuge fortwährend kennenzulernen. Mittels der Ergebnisse konnten Demonstratorgeometrien gefertigt werden, die unterschiedliche
Fertigungs(-zwischen)-ergebnisse aufzeigen. Durch diese Vorgehensweise konnten frühzeitig einzelne Prozessherausforderungen im Rahmen des Gesamtprozesses identifiziert,
dargestellt und gelöst werden (Abb. 14.1).

14.2   Wirtschaftlichkeitsbetrachtung

Die aktuelle im Fahrzeug eingesetzte Batterieschale für den Passat GTE, die als
Referenzbauteil im Projekt ProVor^{PLUS} herangezogen wurde, ist ein Aluminiumdruck-
gussbauteil. Ein großer Kostentreiber neben der Werkzeugform ist bei Druckgussbau-
teilen die aufwendige mechanische Nachbearbeitung an allen Bereichen, an denen sich
Anschraubpunkte befinden oder besondere Oberflächenbeschaffenheiten wie z. B. für
Dichtbereiche gefordert werden. Zusätzlich müssen die begrenzten Standzeiten der
Druckgießwerkzeuge bei einer Wirtschaftlichkeitsbetrachtung Berücksichtigung finden.

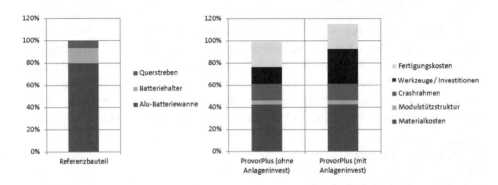

Abb. 14.1 Zweistufiger Fertigungsprozess

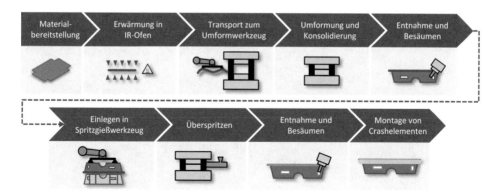

Abb. 14.2 Kostenbetrachtung

Durch eine hybride Bauweise der Batterieschale kann das Gesamtgewicht um etwa 20 % im Vergleich zum Druckgussbauteil reduziert werden. Die höheren Kosten für den Verbundwerkstoff werden durch die Funktionsintegration und durch eine automatisierte Fertigungstechnik ausgeglichen. Funktionselemente können auf prozesssichere Weise direkt an das Organoblech angespritzt werden. Die Zahl der Fertigungsschritte im Vergleich zur Metallverarbeitung wird hierdurch verringert. Befestigungspunkte können mit der Inserttechnik vollautomatisiert im Fertigungsprozess gesetzt werden. Der Vorteil für den Kunden und Flottenbetreiber durch die Gewichtsersparnis und somit einem geringerem Verbrauch muss ebenfalls bei der Kostenbetrachtung mit berücksichtigt werden. ProVor^{PLUS} hat aufgrund hochpreisiger Organobleche (mit integriertem EMV-Schutz) hohe variable Stückkosten. Die aktuell noch niedrigen Stückzahlen der Hybridfahrzeuge machen einen Neuinvest für Anlagentechnik wirtschaftlich sehr schwierig.

Die nachfolgend dargestellte Kostenkalkulation basiert auf Preisindikationen der Hersteller (Abb. 14.2). Aus der Hybridtechnik resultieren im Wesentlichen die Vorteile der verkürzten, robusten Prozesskette aus der Prozessintegration, die Großserientauglichkeit durch vergleichsweise kurze Gesamtprozesszykluszeiten von unter 1 min, die damit einhergehende Kosten- und Energieeinsparung sowie bauteiltechnisch die Funktionsintegration bei hoher Designfreiheit in Kombination mit einem hohen Leichtbaupotenzial durch Kombination von Material- und Strukturleichtbau.

Bauteilherstellung

Untersuchung der gesamten Prozesskette zur
Bauteilherstellung

Sierk Fiebig, Florian Glaubitz, André Beims, Anke Müller⦿,
Jan P. Beuscher⦿, Florian Bohne, Moritz Micke-Camuz,
Bernd-Arno Behrens⦿, Christopher Bruns und Annika Raatz⦿

Zusammenfassung

Für die Bauteilherstellung müssen aus dem erarbeiteten Fertigungsprozess zum einen die Werkzeugkonzepte für die Umformung und den Spritzgießprozess abgeleitet und zum anderen die passenden Prozessparameter vordefiniert, erprobt und optimiert werden. Auch sind Werkzeugnachbearbeitungen am Umformwerkzeug nötig, da die genaue Geometrie erst durch die Prozesseinrichtungsversuche ermittelt werden können. In diesem Schritt sind ebenfalls auch die Automatisierungslösung, der Beschnitt und der Spritzgießvorgang zu erproben und für den Prozess zu optimieren.

S. Fiebig (✉) · F. Glaubitz · A. Beims
Volkswagen AG, Braunschweig/Wolfsburg, Deutschland
E-Mail: sierk.fiebig@volkswagen.de

A. Müller · J. P. Beuscher
Institut für Werkzeugmaschinen und Fertigungstechnik,
Technische Universität Braunschweig, Braunschweig, Deutschland

F. Bohne · M. Micke-Camuz · B.-A. Behrens
Institut für Umformtechnik und Umformmaschinen,
Leibniz Universität Hannover, Garbsen, Deutschland

C. Bruns · A. Raatz
Institut für Montagetechnik, Leibniz Universität Hannover, Garbsen, Deutschland

© Springer-Verlag GmbH Deutschland, ein Teil von Springer Nature 2020
K. Dröder (Hrsg.), *Prozesstechnologie zur Herstellung von FVK-Metall-Hybriden*, Zukunftstechnologien für den multifunktionalen Leichtbau,
https://doi.org/10.1007/978-3-662-60680-3_15

15.1   Werkzeugkonzept

Sierk Fiebig, Floria Glaubitz und André Beims

Zu den verschiedenen Bauteilkonzepten (vgl. auch Abb. 4.3 und 4.5) wurden jeweils geeignete Fertigungskonzepte entwickelt und die damit verbundene Fertigungstechnik in Demonstratorform bewertet. Die Bewertung erfolgte hinsichtlich der voraussichtlichen Realisierungskosten und der Prozessrisiken, die diese Techniken mit sich bringen, mittels Fehler-Möglichkeits- und Einflussanalyse (FMEA). Die Bewertung der Werkzeugkosten und die Risikobewertung zur Herstellung des Bauteils führten zu dem Ergebnis, dass das Konzept des einteiligen Organoblechs insgesamt als erfolgversprechendstes identifiziert wurde. Weiterhin wurde zur Fragestellung der komplexen Organoblechumformung untersucht, wie sich die Drapierung realisieren lässt. Die Herausforderung der Drapierung ergibt sich aus der Batterieschalengeometrie, die zum einen eine hohe Auszugstiefe und zum anderen auch eine Tunnelausprägung in der Mittenlage aufweist. Beides führt zunächst zu einer enormen Falten- und Faserschädigung bzw. ungeschlossenen Ecken der Wanne. Zunächst wurde hierzu daher ein Werkzeugkonzept entwickelt, das das Spannen und Nachfließen des Organoblechs ermöglicht. Anhand dieses Konzepts zeigte sich, dass die Kosten zur wirtschaftlichen Umsetzung zu hoch werden würden und dass die Flexibilität im Hinblick auf Parameteranpassungen (zeit- oder wegabhängige Regelungsmöglichkeit für die Haltekraft) eingeschränkt sind. Daraus ergab sich die Überlegung, diese Funktion in der Flexibilisierung in die Handhabungstechnik zu integrieren. In dieser Projektphase war daher eine intensive Zusammenarbeit zwischen den verschiedenen Arbeitsgruppen (Werkzeugtechnik, Entwicklung, Handhabungstechnik) notwendig. Durch diese ist es gelungen, Bauteil, Werkzeugkonzept, Handhabungstechnik und Prozessroute im Sinne der Projektziele weiter zu entwickeln.

15.1.1   Umformwerkzeug

Die Werkzeugkonstruktion wurde unter Beachtung der Kollisionsuntersuchung des Werkzeugs mit der Presse, Artikel und Handling realisiert. Ein optimiertes, innovatives Werkzeugkonzept wurde hierfür umgesetzt. Gegenüber konventionellen Werkzeugformen wird hier z. B. die Matrize nicht aus herkömmlichen Stahl, sondern aus Guss hergestellt. Anstelle eines rechteckigen Stahlhalbzeuggrundkörpers wird hier der Formstempel, in den Hauptflächen konturnah inklusiv der erforderlichen Temperierkammern, vergossen. Eine aufwendige Schruppfräsbearbeitung und das Tieflochbohren der Temperierung konnte somit entfallen, da die Geometrie für diese Vorgehensweise geeignet war. Hierdurch wird bei der Formung der Wanne eine homogenere Wärmeverteilung im Werkzeugunterteil erzielt. Für den Kern bedingte die Geometrie mit resultierenden großen Freimachungen in der Kavität hingegen eine konventionelle Auslegung in Stahl.

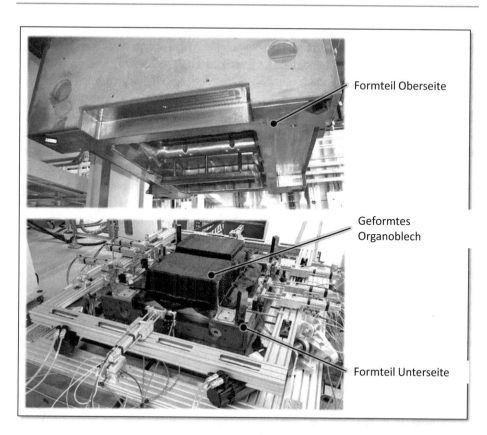

Formteil Oberseite

Geformtes
Organoblech

Formteil Unterseite

Abb. 15.1 Umformwerkzeug (13-55K 70653)

Dieses Umformwerkzeug wurde erprobt und jeweils in Teilbereichen optimiert. Insbesondere das Einlegen, Spannen und Nachführen des Organoblechs stand im Fokus der Änderungen, da selbst aus Simulationsergebnissen keine genaue Ableitung der erforderlichen Geometrie möglich war. Die Optimierungsansätze für das Werkzeug wurden mit optischer Messtechnik zu Betriebstemperaturen des Werkzeugs erfasst und daraus Daten zur spanenden Nachbearbeitung gewonnen. Hierbei musste die Verpressung des resultierenden Organoblechs zwischen den Werkzeughälften zur Gewährleistung der Konsolidierung berücksichtigt werden (Abb. 15.1).

15.1.2 Spritzgießwerkzeug

Die Auslegung des Spritzgießwerkzeugs für den zweiten Prozessschritt wurde kosten- und fertigungsgerecht umgesetzt. Hierfür war ein ständiger Austausch zwischen den Forschungsprojektpartnern in intensiver Zusammenarbeit mit dem Werkzeugbau erforderlich. Eine Besonderheit bei der Auslegung des Werkzeugs sind die erhöhten Prozesswerkzeuggrundtemperaturen von etwa 110 °C, mit der Option, bis auf 160 °C zu erhöhen. Hierbei ist eine Temperaturdifferenz zwischen den temperierten Formplatten und den untemperierten Unterbauten auszugleichen. Dies wurde z. B. durch Zentrierpuppen und Zentrierkeile (analog einem Fest-und Loslagerprinzip) realisiert. Da das Werkstoffverhalten in der komplexen Kontur nur bedingt simuliert werden kann (vgl. Abschn. 3.3.3) und Toleranzen sowie Formabweichungen nicht exakt vorausgesagt werden können, weicht die theoretische Kontur aus den CAD-Daten von den Daten nach Simulationen ermittelter Konturen geringfügig ab. Aufgrund der hohen Anforderungen an Formtoleranzen, die zum Betrieb und zur Gewährleistung der Werkzeugfunktion und Bauteilqualität erforderlich sind, muss das Spritzgießwerkzeug an die tatsächliche Artikelkontur zwingend manuell angepasst werden. Hierbei wird ein fertig umsäumtes Organoblech aus dem Vorformwerkzeug in das Spritzgießwerkzeug eintuschiert. Im Spritzgießwerkzeug dichtet dann das Organoblech während des Spritzprozesses die nicht zu umspritzenden Bereiche sauber ab.

Parallel zu den Bauteiloptimierungen des Organoblechs wurde das Spritzgießwerkzeug verändert. Dabei wurden Wechseleinsätze in den Bereichen von Versteifungsrippen eingearbeitet. Durch die Reduktion der Materialstärken konnte das Vorwärmen des Organoblechs auf der kunststoffzugewandten Seite entfallen. So ergab sich die Möglichkeit, das Werkzeug auf der Presse zu drehen. Hierdurch konnte die Funktion des Heißkanals für jede Inbetriebnahme des Prozesses verbessert und sichergestellt werden. Auch zeigten sich im Betrieb erforderliche Anpassungen des Auswerfersystems im Bereich der Tunnelgeometrie zur sicheren Entformung der sehr tiefen Rippenpakete (Abb. 15.2).

Abb. 15.2 Spritzgießwerkzeug (13-55K 70654)

15.2 Automatisierter Thermoformprozess mit aktiver Materialführung

Christopher Bruns, Annika Raatz, Florian Bohne, Moritz Micke-Camuz und Bernd-Arno Behrens

Die in den Kap. 8 und 9 entwickelten Konzepte zur vollautomatisierten umformenden Herstellung der Batterieunterschale einschließlich der Prozesssimulation wurden seitens des Projektkonsortiums als zielführend bewertet und bei der Herstellung des Funktionsmusters der Batterieunterschale im Realmaßstab umgesetzt.

15.2.1 Simulation

Die bereits für die Analyse der Demonstratorwerkzeuge entwickelten Simulationsmethoden werden für die Analyse des Realprozesses übernommen. In Abb. 15.3 wird der Aufbau des Simulationsmodells des Realprozesses gezeigt. Das Organoblech wird mithilfe von zehn Greifern in der ersten Prozessphase über das untere Werkzeug drapiert. Im Anschluss schließt sich das obere Werkzeug. Der Voreiler formt hierbei das Organoblech im Tunnelbereich vor.

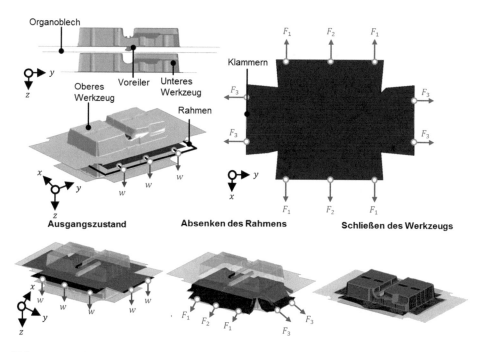

Abb. 15.3 Aufbau Simulationsmodell des Realdemonstrators

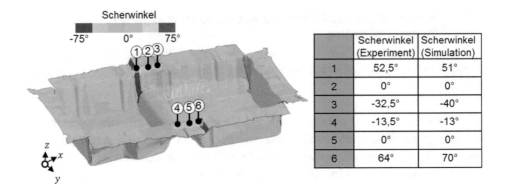

Abb. 15.4 Gegenüberstellung der experimentell erzielten und der berechneten Scherwinkel in ausgesuchten Bereichen des Realbauteils

Der Vergleich zwischen experimentellen und numerisch erzielten Ergebnissen zeigt eine gute Übereinstimmung. Der berechnete und im Experiment erzielte Scherwinkel-verlauf ist in Abb. 15.4 dargestellt. Die vorhergesagten Scherwinkel weichen nur geringfügig von den experimentell Ermittelten ab.

Werden die Spannungsverteilungen eines Umformprozesses mit Voreiler und eines Prozesses ohne Voreiler verglichen, zeigen sich deutliche Unterschiede hinsichtlich des Spannungsniveaus (Abb. 15.5). Da der Voreiler einen frühen Einzug des Organoblechs in den Werkzeugspalt bewirkt, können Klemmungen weitestgehend vermieden werden, wodurch ein deutlich geringeres Spannungsniveau erzielt wird. Insbesondere in den Eckbereichen treten geringere Spannungen auf, womit die Gefahr von Faserbrüchen oder Reißern reduziert wird.

15.2.2 Experimentalergebnisse

In diesem Abschnitt soll die Leistungsfähigkeit des vorgestellten Konzepts untersucht werden. Hierbei ist das Ziel, den Formgebungsprozess dahingehend zu beeinflussen, dass sich eine hohe Drapier- und Produktqualität einstellt. Verarbeitungsbereite Organobleche reagieren sensibel auf schnelle Temperaturstürze und Druckbelastungen. Fällt die Temperatur nach der Entnahme aus einer Erwärmungsstation auf dem Weg in die Umformstufen zu stark ab, so nimmt proportional die Steifigkeit der Polymermatrix zu. Dies würde das schubweiche Abgleiten der Fasern aufeinander lokal oder auch global behindern und das Auftreten von Fehlstellen, wie beispielsweise Faserbrüche und Faltenbildung, erhöhen. Ist das Temperaturniveau ausreichend hoch, kann es dennoch während der Drapierung aufgrund des formlabilen Materials zur Faltenbildung kommen. Ursache für die Faltenbildung können einerseits das Erreichen des Sperrwinkels in Bereichen, in denen eine starke Scherung des Gewebes vorherrscht, und andererseits Bereiche, in denen

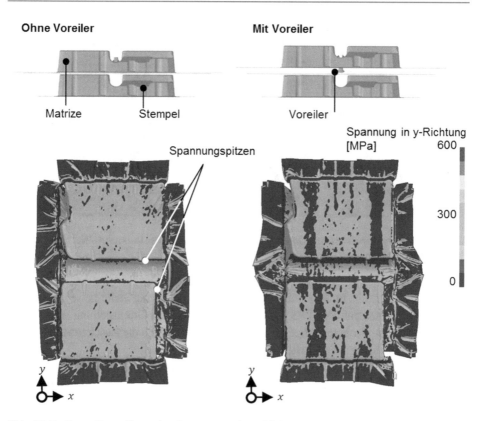

Abb. 15.5 Gegenüberstellung der Spannungen in y-Richtung bei Einsatz ohne Voreiler (links) und mit Voreiler (rechts)

lokale Druckspannungen in der Organoblechebene auftreten, sein. Die Faltenbildung ist hierbei die Fehlstelle mit der höchsten Auftretenswahrscheinlichkeit und die mit dem größten Negativeinfluss auf die Produktqualität. Falten gehen stets mit einer lokalen Erhöhung der Blechstärke einher. Durch die unterschiedlich dicken Bereiche auf dem Organoblech resultiert eine nicht vollflächige Rekonsolidierung des Organoblechs. Weiter kommt hinzu, dass eine unter hohem Druck verpresste Falte zu Faserbrüchen führt. Dies kann die mechanische Integrität des Formteils herabsetzen.

Um das Auftreten von Falten auf einem Formwerkzeug mit doppelt gekrümmten Formelementen zu testen, wird das in Kap. 8 vorgestellte Formwerkzeug der Batterieunterschale zusammen mit dem Vielpunktspannsystem (VPS) in der Umformmaschine positioniert (Abb. 15.6). Zu Beginn des Prozesses wird der Kreuzzuschnitt des Organoblechs in einen Umluftofen eingelegt und auf Verarbeitungstemperatur erwärmt. Nach Erreichen der Verarbeitungstemperatur wird der formlabile Zuschnitt durch das Greifersystem am Roboter gegriffen und seitlich in den Pressenraum der Umformmaschine, wie in den Schritten 1 und 2 in Abb. 15.6 dargestellt, verfahren. Dabei positioniert der

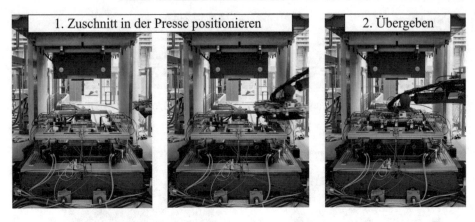

Abb. 15.6 Übergabeprozess des Organoblechzuschnitts durch den Robotergreifer in das sich in Grundstellung befindende VPS

Roboter den Zuschnitt in der Greiferebene des VPS. An dieser Stelle bewegen sich die Krafteinleitungselemente des VPS positionsgeregelt aus ihrer Grundstellung etwa 40 mm in Richtung des am Roboter hängenden Zuschnitts, sodass sich die Zuschnittsränder zwischen die Greiferbacken der Krafteinleitungselemente befinden.

Die Abb. 15.7 zeigt die drei Prozessschritte: fixieren, drapieren und rekonsolidieren, die bereits in Abb. 8.5 vorgestellt wurden. In Schritt 3 (Abb. 15.7) befindet sich der übergebene Zuschnitt in diesem Beispiel fixiert in den insgesamt zehn Zwei-Backen-Parallelgreifern. Zu diesem Zeitpunkt befinden sich alle Kniehebel des VPS in Strecklage, sodass der durchhängende Zuschnitt nicht frühzeitig in Kontakt mit dem kühleren Formwerkzeug kommt.

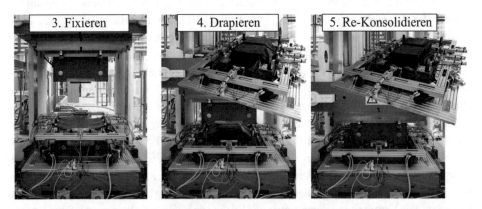

Abb. 15.7 Drapierprozess des Organoblechzuschnitts durch Absenken der VPS-Arbeitsplattform und Rekonsoldierung durch das Formwerkzeug

Nachdem der Roboter aus dem Pressenraum herausgefahren ist, wird die eigentliche Formgebungsphase eingeleitet. Hierin wird der Laufholm der Presse mit einer Schließgeschwindigkeit von 800 mm/s in Bewegung versetzt. Zusätzlich wird die Vordrapierbewegung des VPS eingeleitet. Dabei wird in der VPS-Steuerung von Positionsreglung auf Kraftregelung zur Einleitung der erforderlichen Membranspannung umgeschaltet. Unter Aufrechterhaltung der Membranspannung wird anschließend das Formwerkzeug mit einer Pressgeschwindigkeit von 70 mm/s geschlossen, der Zuschnitt in den Krafteinleitungselementen nachgeführt und die Presskraft zur Rekonsolidierung aufgebracht. Anschließend wird das Formteil entformt und die erreichte Produktqualität beurteilt.

15.2.2.1 Faltenentstehungsprozess

Die Auftrittswahrscheinlichkeit von Falten erhöht sich mit fortschreitendem Umformgrad. Erst wenige Millimeter bevor die Formgebung vollständig abgeschlossen ist, können das entstandene Faltenmuster beurteilt und entsprechende Maßnahmen zur Unterdrückung dieser eingeleitet werden. Daher wird im Folgenden das Formwerkzeug bei etwa 8 mm vor dem unterer Totpunkt (UT) angehalten. In Abb. 15.8 ist ein Beispiel für die Ausbildung einer Querfalte entlang der Tunnelmündung der Batterieschalengeometrie dargestellt. Dazu wird bewusst eine zu niedrige Rückhaltekraft durch das VPS in diesem Bereich gewählt. Die Kräfte $F_{z,1} \ldots F_{z,8}$ stellen dabei die individuell einstellbaren Rückhaltekräfte dar. An den Krafteinleitungselementen mit den Kräften $F_{z,1}$ und $F_{z,2}$ teilen sich diese auf jeweils zwei Greifflächen in ein Kräftepaar auf. In diesem Beispiel betragen die Kräfte $F_{z,3,4} = 150$ N, $F_{z,1,2} = 20$ N und $F_{z,5,6,7,8} = 20$ N. Klar erkennbar ist die etwa 142–171 mm lange Querfalte, die sich durch ein Aufstauen des Materials über beide Enden der Tunnelgeometrie zur Formschräge ergibt.

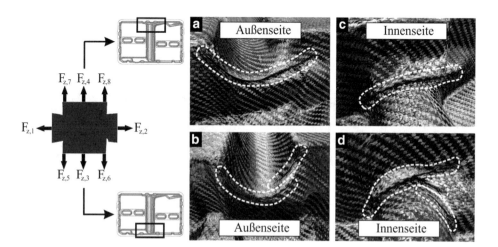

Abb. 15.8 Ausbildung einer Querfalte entlang der Tunnelgeometrie durch die Stauchung des Fasergewebes; **a, b** Falte auf der Außenseite der Tunnelgeometrie; **c, d** Falte auf der Innenseite der Tunnelgeometrie

Würde das Formwerkzeug in diese Konstellation weiter geschlossen werden, wäre in der Folge ein vollständiges Schließen des Werkzeugs aufgrund der höheren Materialstärke in der Falte behindert. Lange, entlang der Falte verlaufende Faserbrüche wären die Folge. Besonders in hochbelasteten Bauteilbereichen kann dies zu einem Herabsenken der Bauteilintegrität führen. Aus diesem Grund wird im folgenden Abschnitt gezeigt, wie sich durch aktive Faserscherung links und rechts neben der Tunnelgeometrie und durch eine erhöhte Rückhaltekraft der Faltenentstehungsprozess positiv beeinflussen lässt.

15.2.2.2 Minimierung der Faltenbildung durch aktive Materialführung

Die Minimierung von Falten im Organoblech geht einher mit der Verringerung der lokalen Stauchung der Fasern. Entsprechend kann konstatiert werden, dass mit gestreckter Faser die Ausbildungshäufigkeit von Falten reduziert werden kann. Allerdings kann eine lokale Faserstreckung wiederum zu einer Stauchung in anderen Bauteilbereichen führen und umgekehrt. Zusätzlich fördert die künstliche Induktion von Zugspannung in ein Faserhalbzeug die Gefahr von Faserbrüchen. Am Beispiel der Querfalte in Abb. 15.8 wird die Rückhaltekraft $F_{z,3,4}$ jetzt sukzessive von 150 auf 200 N und dann auf 250 N erhöht. Die Rückhaltekräfte $F_{z,1,2} = 20$ N und $F_{z,5,6,7,8} = 20$ N bleiben konstant. Das Ergebnis der Untersuchung zeigt Abb. 15.9. Ersichtlich ist, dass mit steigender Rückhaltekraft die Falte bei $F_{z,3,4} = 200$ N zunächst um etwa 83 mm verringert und abschließend bei $F_{z,3,4} = 250$ N komplett verhindert werden kann. Dieser Sachverhalt resultiert jedoch in einer hohen Scherung des Gewebes an beiden Seiten der Tunnelgeometrie.

Umso wichtiger ist es, leistungsstarke Simulationsmodelle für die Prozessauslegung einzusetzen. Damit kann über die gesamte Bauteilfläche hinweg das mit einer bestimmten VPS-Konfiguration auftretende Faltenmuster vorhergesagt werden. Durch die gezielte Anpassung der VPS-Konfiguration (Anzahl und Ort der Krafteinleitungselemente und Kraftamplitude) können somit schnell und kostengünstig mehrere Varianten berechnet und dadurch Inbetriebnahmezeiten verringert werden.

$F = 150$ N, $l_z = 21$ mm $F = 200$ N, $l_z = 43$ mm $F = 250$ N, $l_z = 62$ mm

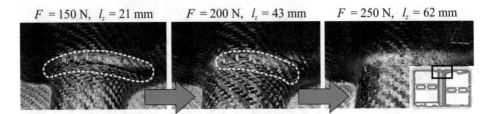

Abb. 15.9 Zusammenhang zwischen der Gewebeauszugslänge lz und der Dimensionen der sich in der Tunnelgeometrie ausbildenden Falte

15.2.2.3 Schlussbetrachtung

Durch die aktive Materialführung durch das VPS lässt sich durch eine entsprechende VPS-Konfiguration und durch die programmtechnische Umsetzung der jeweiligen Rückhaltekräfte in den Krafteinleitungselementen Fehlstellen wie Faltenbildung aktiv verhindern. Darüber hinaus kann durch die Entwicklung eines VPS-kompatiblen Greifersystems eine geschlossene und vollautomatisierte Prozesskette in Betrieb genommen werden. Die Handhabung des erwärmten formlabilen Zuschnitts mit den Heiznadelgreifern, die Übergabe an die Krafteinleitungselemente des VPS, die Vordrapierung und kraftinduzierte Fehlstellenminimierung sowie die finale Formgebung kann erfolgreich nachgewiesen werden. In den folgenden Prozessschritten wird das Formteil zunächst besäumt und anschließend im Spritzgießprozess weiterverarbeitet.

15.3 Beschnitt der Organoblechvorform vor dem Transfer in das Spritzgusswerkzeug

Anke Müller und Jan P. Beuscher

Im Rahmen des Projektverlaufs und auf Basis der gesammelten Ergebnisse entschied das Forschungskonsortium die prototypische Fertigung der Batteriewanne im Two-Shot-Prozess (Abb. 15.10). Dies ist zum einen in der höheren Prozesssicherheit aufgrund einer geringeren Prozesskomplexität begründet, die der zweistufige Prozess erwarten lässt sowie zum anderen in den geringeren Werkzeugkosten, obwohl zwei einzelne Formwerkzeuge hergestellt werden müssen. Ein wesentlicher Kostenvorteil resultiert aus dem Entfall von Beschnittelementen im Formwerkzeug.

Für den Aufbau der Demonstratorprozesskette war es daher erforderlich, Zwischenprozesse des Besäumens mittels trennender Prozesse zu realisieren (Kap. 9). Die dem Thermoformen zugeführten großflächigen Zuschnitte wurden mittels Wasserstrahlschneiden

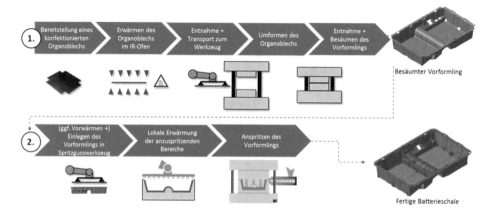

Abb. 15.10 Two-Shot-Prozess im Projekt ProVor^PLUS

realisiert. Die nach dem Thermoformen entnommene Wannengeometrie sind anschließend am Rand zu trimmen sowie Bohrungen und Ausschnitte für Durchspritzungen, Inserts und Kabelführungen einzubringen (Abb. 15.11). Zur Umsetzung dieses Beschnitts diente die spanende Bearbeitungstechnologie.

Das ausgewählte spanende Verfahren wurde sowohl nach Stand des Wissens aus der Literatur als auch in experimentellen Untersuchungen zur Parameterwahl, zu erreichbaren Prozesszeiten und Qualitäten bei trockener und nasser Zerspanung sowie unterschiedlichen Materialstärken näher untersucht. Die spanende Bearbeitung thermoplastischer Faserverbundkunststoffe stellt hierbei eine besondere Herausforderung dar (vgl. Kap. 9). Maßgeblich für die Erreichung der Anschlusspunkte zum Deckel und zur Lagepositionierung im Spritzgießwerkzeug ist darüber hinaus die stabile Fixierung der geformten Batteriewanne auf dem Werkzeugmaschinentisch. Da die Wandung im Fräsprozess nachgiebig reagiert, würden insbesondere Bohrungen und Ausfräsungen ungenau positioniert, da der Werkstoff der Schneide ausweicht. Daher wurde eine spezielle Aufspannung entwickelt und gefertigt, um diese Wanne nach beiden Prozessschritten sicher zur Nachbearbeitung zu spannen. Die Aufspannungskonstruktion dient gleichzeitig der Prüfung der Bauteilqualität im Sinn einer Formenlehre, da die Anschlusspunkte sowie mittels zweiter kleinerer Einsätze die Anschraubpunkte für die Batteriemodule geprüft werden können (Abb. 15.12; vgl. Kap. 4).

Abb. 15.11 Bearbeitungsschritte für die prototypische Prozesskette des Batteriewannendemonstrators. (Quelle: Simon Hickmann, 2018, nicht veröffentlicht, überarbeitet durch Autorin [1])

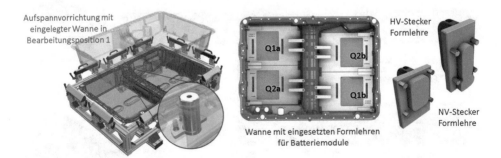

Abb. 15.12 Aufspannvorrichtung (links), Wanne mit eingesetzter Formenlehre für Batteriemodule (Mitte) sowie Formenlehre für Elektroanschlüsse in der Wanne. (Quelle: Simon Hickmann 2018, nicht veröffentlicht, überarbeitet durch Autorin [1])

15.4 Umspritzen des Organoblechvorformlings

Sierk Fiebig, Florian Glaubitz und André Beims

Im letzten Prozessschritt der Demonstratorherstellung erfolgt das Überspritzen des besäumten Organoblechvorformlings auf einer vertikal schließenden Spritzgießmaschine des Typs ENGEL v-duo 3600 mit einer Aufspannfläche 3600 mm × 2400 mm und einer Presskraft von bis zu 36000 kN. Über die Maschinensteuerung sind acht Temperierkreisläufe sowie werkzeugseitige Düsen zu steuern. Für den hier durchgeführten Prozessablauf wurde der Hauptextruder mit einem maximalen Schussgewicht von 6663 g bei einem maximalen Einspritzdruck von 1640 bar verwendet.

Der Prozessablauf sieht ein automatisiertes Einlegen des Vorformlings durch einen Roboter mit einfachem Greifersystem auf ausgefahrenen Auswerferstiften vor. Aufgrund der bereits diskutierten Ergebnisse wird zunächst auf eine Temperierung des Vorformlings verzichtet. Die Möglichkeiten einer Vorwärmung in einem Umluftofen sowie einer lokalen Nachtemperierung durch einen komplexen Infrarotstrahler bleiben bestehen, wurden jedoch – da nicht erforderlich – nicht weitergehend untersucht.

Nach der Ablage des Vorformlings auf den Auswerferstiften senken sich diese, sodass der Vorformling in die Form eintaucht. Die Maschine schließt das Werkzeug mit einer Schließkraft von 8000 kN und drückt den Vorformling auf Kontakt ins Werkzeug. Die Abdichtung der Spritzgusskavität erfolgt unmittelbar am Bauteilrand zwischen den Werkzeughälften unter Berücksichtigung der notwendigen Entlüftung der Kavität. Abseits dieser Kavität werden die Kräfte über entsprechende Druckplatten abgefangen zur Gewährleistung einer gleichmäßigen Belastung und Vermeidung einer Verformung und Werkzeugöffnung. Durch den Werkzeugkontakt erwärmt sich das Material in wenigen Sekunden auf die Werkzeugtemperatur. Die Temperierung des Spritzgießwerkzeugs wurde auf 140 °C ausgelegt, was auf den Ergebnissen der Untersuchungen zur Verbundfestigkeit zwischen Polyamid 6 und Polyamid 6.6 beruht. Zur Vermeidung von Bindenähten in sicherheitsrelevanten Bereichen wurden sieben steuerbare Verschlussdüsen am Heißkanalverteiler als Schnittstelle zum Bauteil eingebracht, die jeweils nach Überströmung durch die Fließfront geöffnet werden und den Schmelzefluss unterstützen. Die Formfüllung wurde bereits mit der Werkzeugkonstruktion numerisch abgesichert und Füllstudien mit unterschiedlichen Netzauflösungen und Anschnittpunkten untersucht. Die Füllung erfolgt dabei vom Tunnelbereich ausgehend gleichmäßig nach außen.

Der eigentliche Einspritzvorgang findet mit einem Dosiervolumen von 3000 cm³ bei einem konstanten Druck von etwa 450 bar statt. Die Einspritzgeschwindigkeit liegt im Bereich von 400 cm³/s. Nach Abschluss der Formfüllung schaltet die Anlage volumenabhängig in die Nachdruckphase, die für 4,0 s angesetzt wird. Die Gesamtkühlzeit beträgt 30 s, bevor das fertige Bauteil entformt wird, das in Abb. 15.13 gezeigt ist.

Abb. 15.13 Vollständig
angespritzte
Organoblechwanne nach dem
letzten Prozessschritt

Als Besonderheit ist im Prozessablauf zwingend zu beachten, dass das zu ver-
wendende Spritzgussmaterial eine leichte Entflammbarkeit aufweist und sich bereits
nach kurzer Verweilzeit auf Verarbeitungstemperatur zersetzt und so zu Schäden am
Spritzaggregrat der Maschine und am Werkzeugheißkanal führen kann.

Literatur

1. Hickmann, S. (2018). *Konstruktion einer Spannvorrichtung und Prüflehren für eine hybride
   Batteriewanne in Automotive-Anwendungen.* Studienarbeit im Masterstudiengang Maschinenbau: Technische Universität Braunschweig, nicht veröffentlicht.

Prüfen der gefertigten Batterieschalen

16

Evaluierung des Funktionsdemonstrators anhand der definierten Bauteilanforderungen

Sierk Fiebig und Florian Glaubitz

Die gefertigten Bauteile müssen hinsichtlich der Qualität fertigungsbegleitend und nach dem gesamten Fertigungsprozess geprüft werden. Die Bauteilprüfung ist daher ein wesentlicher Bestandteil des Projekts, um die gefertigte Qualität der Bauteile kontrollieren und beurteilen zu können. Die Bauteilanforderungen wurden im Vorfeld klar aufgearbeitet und strukturiert zusammengetragen. Als Beurteilungskriterien wurden unter anderem die Maßhaltigkeit, die Dichtigkeit und Festigkeitsanforderungen bestimmt.

16.1 Maßhaltigkeit

Zur Überprüfung der Maßhaltigkeit der Batterieschale wurde eine Prüfvorrichtung entwickelt, die zugleich als Aufnahmevorrichtung für einen mechanischen Arbeitsprozess verwendet werden kann. Mithilfe der Prüfvorrichtung lässt sich das Bauteil wiederholgenau positionieren und verspannen, sodass die relevanten Maße ermittelt werden können. Zur Prüfung der Hauptbefestigungspunkte wurden Lehren konstruiert, mit denen die Verbaubarkeit der Bauteile direkt an der Fertigungslinie kontrolliert werden kann (Abb. 16.1).

S. Fiebig (✉) · F. Glaubitz
Volkswagen AG, Braunschweig/Wolfsburg, Deutschland
E-Mail: sierk.fiebig@volkswagen.de

© Springer-Verlag GmbH Deutschland, ein Teil von Springer Nature 2020
K. Dröder (Hrsg.), *Prozesstechnologie zur Herstellung von FVK-Metall-Hybriden,* Zukunftstechnologien für den multifunktionalen Leichtbau,
https://doi.org/10.1007/978-3-662-60680-3_16

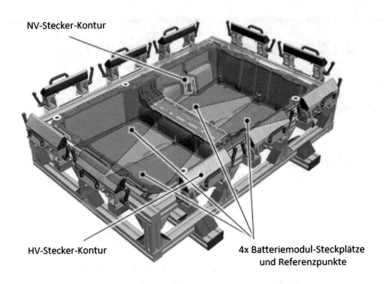

NV-Stecker-Kontur

HV-Stecker-Kontur

4x Batteriemodul-Steckplätze
und Referenzpunkte

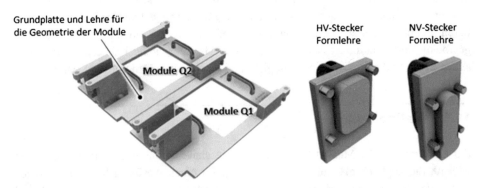

Grundplatte und Lehre für
die Geometrie der Module

Module Q2

Module Q1

HV-Stecker
Formlehre

NV-Stecker
Formlehre

Abb. 16.1 Prüfvorrichtung mit Lehren. (Quelle: Simon Hickmann, 2018, nicht veröffentlicht, überarbeitet durch Autorin [1])

16.2 Flammversuch V0 an Organoblechen

Der Flammversuch zeigt die Widerstandsfähigkeit des Materials gegenüber Feuer außerhalb des Fahrzeugs, bedingt z. B. durch Brennstoffaustritt aus dem Fahrzeug. Der Fahrer und die Fahrgäste müssen bei solch einem Vorfall ausreichend Zeit haben, das Fahrzeug sicher verlassen können.

Das Brennverhalten von Organoblechen in Anlehnung an UL 94 (VO, IEC/DIN EN 60695-11-10, -20) wurde im Rahmen von Vorversuchen an Materialproben untersucht. Hierfür wurden folgende Untersuchungen durchgeführt:

- Versuch 1: Horizontale/flächige Brennprüfung mit Flamme
- Versuch 2: Vertikale Brennprüfung mit Flamme

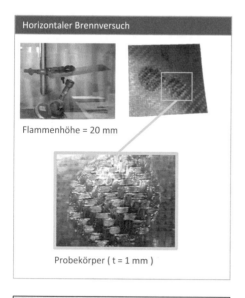

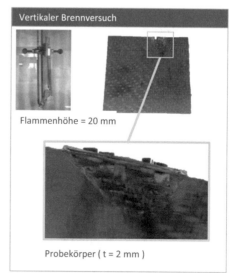

Abb. 16.2 Ergebnisse der horizontalen und vertikalen Brennversuche am Organoblech. Flammversuche

Bei der horizontalen Beflammung in der Mitte der Probeplatten entzünden sich die Materialproben mit unterschiedlichen Wandstärken nicht. Die Ergebnisse des vertikalen Flammversuchs verhalten sich anders. Die Materialproben entzünden sich bereits bei der ersten Beflammung. Das Material verlöscht auch bei der Entfernung der Flamme nicht. Somit müssen die beschnittenen Kanten der Organobleche mit einem Flammschutzmaterial im Spritzgießverfahren zwingend umspritzt werden, um die Brandschutzklasse V0 zu erfüllen (Abb. 16.2).

16.3   Gehäusedämpfungsmessung – Elektromagnetische-Verträglichkeit-Schutz von Organoblechen

In Zusammenhang mit der zunehmenden Digitalisierung hat sich die Zahl elektrischer Anwendungen im Lauf der letzten Jahrzehnte um ein Vielfaches erhöht. Neben metallischen Werkstoffen werden aus Gewichtsgründen insbesondere Kunststoffe im Bereich elektrischer Systeme verwendet. Kunststoffe sind jedoch nicht elektrisch leitfähig, daher können magnetische und elektrische Felder ungeschwächt den Kunststoff passieren. Konventionelle Kunststoffe verfügen über keine Abschirmungseigenschaften. Neue Kunststoffe mit ausreichender Abschirmung bzw. Beschichtungen müssen entwickelt werden, um die elektromagnetische Verträglichkeit (EMV) zwischen den einzelnen

Systemen gewährleisten zu können. Die EMV beschreibt die Fähigkeit eines elektrischen Betriebsmittels in einem elektromagnetischen Umfeld zuverlässig zu funktionieren, ohne dabei das Umfeld mit unzulässigen elektromagnetischen Feldern zu belasten. Die Leitfähigkeit von Kunststoffen kann allgemein mit folgenden Maßnahmen erreicht werden (Abb. 16.3):

- Gefüllte Kunststoffe: Ausbilden eines durchgehenden Netzwerks sich berührender Leitfähigkeitsadditive
- Leitfähige Beschichtungen: Aufbringen einer leitfähigen Beschichtung auf die Kunststoffoberfläche
- Selbstleitende Polymere: Chemische Zusammensetzung von Polymeren verändern

Abb. 16.3 Prüfeinrichtung zur Überprüfung des Elektromagnetische-Verträglichkeit-Schutzes

16.4   Komponentencrashversuch

Die Prüfung der mechanischen Eigenschaften der Bauteile erfolgte an den Prüfständen der Volkswagen AG. Zum Abgleich der FEM-Simulationen wurden quasistatische Druckprüfungen als Komponentenversuche an dem Crashrahmen durchgeführt. Durch die Komponentenversuche konnten die Simulationsergebnisse bezüglich der mechanischen Eigenschaften bestätigt werden. Die mechanischen Anforderungen gegenüber dem Pfahlcrash werden von den Crashbügeln erfüllt. Weitere Versuche am Gesamtsystem sind für die weitere Freigabe der Bauteile im weiteren Verlauf des Produktentwicklungsprozesses geplant (Abb. 16.4).

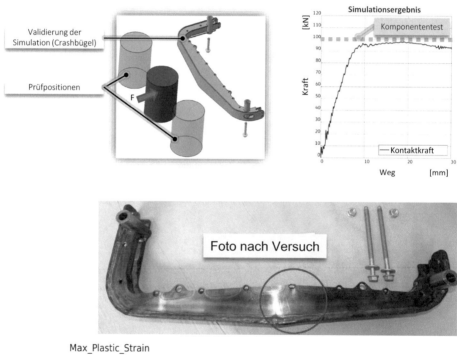

Abb. 16.4 Komponentencrash. Darstellung des Versuchsaufbaus und der Simulationsergebnisse (oben). Foto des geprüften Crashbügels und Simulationsergebnisse der Bauteilbelastung (unten)

In weiteren Freigabeversuchen werden in verschiedenen Anordnungen die Dichtigkeit (Unterdrucktest, Tauchtest, Hochdrucktest), z. B. gegen Wassereintritt, die mechanischen Eigenschaften aus dem Fahrbetrieb (z. B. Schlittencrash), die Crasheigenschaften (z. B. Pfahlcrash), die EMV-Schutzeigenschaften erprobt sowie ein Brandtest durchgeführt.

Literatur

1. Hickmann, S. (2018). *Konstruktion einer Spannvorrichtung und Prüflehren für eine hybride Batteriewanne in Automotive-Anwendungen.* Studienarbeit im Masterstudiengang Maschinenbau: Technische Universität Braunschweig, nicht veröffentlicht.

Zusammenfassung

Klaus Dröder⊙, Moritz Micke-Camuz und Jan P. Beuscher⊙

Im Rahmen des Projekts ProVor^{Plus} wurde sowohl eine Batterieunterschale in hybrider Bauweise als auch die zugehörige Prozesskette zur Herstellung dieses Bauteils entwickelt. Die zu Projektbeginn angestrebte Gewichtsreduzierung von 20 % konnte durch das hybride Bauteilkonzept gänzlich erreicht werden. Die tatsächlich erzielte Gewichtsersparnis liegt bei 22 % gegenüber dem im Aluminiumdruckgießverfahren hergestellten Serienbauteil bei vergleichbaren Kosten und Erfüllung der gesetzten Anforderungen.

Das prozessseitige Ziel mit einer Taktzeit von 90 s und einer Durchlaufzeit von unter 5 min lässt sich ebenfalls mit den gewählten Fertigungsverfahren in einer durchgängigen Prozesskette realisieren. Der Umformvorgang des Organoblechvorformlings kann einschließlich des Transfers und der Positionierung im Vielpunktspannsystem unterhalb von 40 s erfolgen. Der Spritzgießvorgang einschließlich Transfer, Einspritzvorgang und Kühlzeit dauert weniger als 55 s und bietet weiteres Potenzial zur Zykluszeitverkürzung. Der im Konzeptentscheid festgelegte spanende Beschnitt erfolgte aus wirtschaftlichen Gründen im Rahmen des Projekts außerhalb der angestrebten Prozesskette. In einem späteren industriellen Prozess kann der Beschnitt werkzeugintegriert durchgeführt werden, wobei die Zykluszeit nur minimal beeinträchtigt wird.

K. Dröder (✉) · J. P. Beuscher
Institut für Werkzeugmaschinen und Fertigungstechnik, Technische Universität Braunschweig, Braunschweig, Deutschland

J. P. Beuscher
E-Mail: j.beuscher@tu-braunschweig.de

M. Micke-Camuz
Institut für Umformtechnik und Umformmaschinen, Leibniz Universität Hannover, Garbsen, Deutschland

© Springer-Verlag GmbH Deutschland, ein Teil von Springer Nature 2020
K. Dröder (Hrsg.), *Prozesstechnologie zur Herstellung von FVK-Metall-Hybriden,* Zukunftstechnologien für den multifunktionalen Leichtbau,
https://doi.org/10.1007/978-3-662-60680-3_17

Über die Entwicklung der Batterieunterschale hinaus konnten im Rahmen des Projekts weitere Funktionsmuster und Prototypen entwickelt werden, die für die Handhabung von unter anderem erwärmten und biegeschlaffen, thermoplastischen Faserverbundaufbauten verwendet werden können. Der Projektpartner J. Schmalz GmbH entwickelte ein neuartiges System aus beheizbaren Nadelgreifern. Diese Heißnadelgreifer können auf Temperaturen von bis zu 300 °C erwärmt werden und somit die lokale Abkühlung des Organoblechs verhindern. Dafür ist jeder Heißnadelgreifer mit einer Heißpatrone und entsprechender Isolationstechnik ausgestattet.

Am Institut für Montagetechnik (match) wurde ein aktiv steuerbares und für den jeweiligen Anwendungsfall konfigurierbares Vielpunktspannsystem entwickelt, gebaut und experimentell erprobt. Dabei wurden Lösungsansätze für die Defizite bereits bestehender Systeme erarbeitet und umgesetzt. Beispielsweise verfügt das entwickelte System über weiterführende systemintegrative Eigenschaften, wie z. B. die Integrierbarkeit in eine vollautomatisierte geschlossene Prozesskette. Zusätzlich ist das System in der Lage – automatisch durch einen Roboter – Material zugeführt zu bekommen. Die eingesetzten servopneumatischen Krafteinleitungselemente erlauben es, Drapieroperationen über kombinierte Positions- und Kraftregelzyklen durchzuführen.

Neben den Projektaktivitäten, die im finalen Bauteil umgesetzt wurden, gibt es ein Vielzahl weiterer Untersuchungsergebnisse, die allgemein oder für andere (Hybrid-) Bauteile sowohl innerhalb als auch außerhalb des ForschungsCampus „Open Hybrid LabFactory" eingesetzt werden können. Hierbei sind unter anderem vom Institut für Füge- und Schweißtechnik (ifs) Ergebnisse zum wärmegestützten Pressfügen sowie zu Laservorbehandlungen zur Steigerung der Verbundfestigkeit (Kap. 13) sowie vom Institut für Werkzeugmaschinen und Fertigungstechnik (IWF) Ergebnisse zur Integration von Erwärmungstechnik in Formwerkzeuge (Infrarottechnik sowie Induktionstechnik in Zusammenarbeit mit der IFF GmbH) oder zum hybriden Preforming generiert worden (Abschn. 11.4). Auch wenn einige Maßnahmen und Forschungsansätze im finalen Hybridbauteil und der prototypischen Prozesstechnologie schlussendlich nicht eingebracht wurden, so zeigen die vorgestellten Untersuchungsergebnisse ein erhebliches Anwendungspotenzial.

Die beim wärmeunterstützten Pressfügen in Kombination mit einer Laservorbehandlung erreichten Festigkeiten zwischen Thermoplastmatrix und Stahlwerkstoffen bewegen sich auf einem vergleichbaren Niveau mit typischen, im automobilen Rohbau eingesetzten duroplastischen Epoxidharzklebstoffen. Darüber hinaus konnte die Tauglichkeit der Laservorbehandlung zur Reinigung und Strukturierung von Stahlblechen in einem Vorbehandlungsschritt aufgezeigt werden.

Die Ansätze der werkzeugintegrierten Erwärmung mittels Infrarot und Induktion zeigen ebenfalls ein sehr hohes Potenzial in Abhängigkeit der zu erwärmenden Materialien. Insbesondere werkzeugintegrierte Infrarotstrahler eigenen sich zur effizienten und taktzeitneutralen Erwärmung von Organoblechen. Durch die Vermeidung von Wärmeverlusten aufgrund der unmittelbaren Weiterverarbeitung und der Verringerung konvektiver

Verluste werden eine energieeffizientere Erwärmung ermöglicht und thermische Schädigungen des Materials vermieden.

Das Projekt ProVor^{Plus} hat mit seinen Ergebnissen nicht nur das konkrete Projektziel der Entwicklung einer Prozesstechnologie für eine komplexe Hybridstruktur erreicht, sondern darüber hinaus Ansätze und Forschungsfragen hervorgebracht, die im Rahmen weiterer Forschungsaktivitäten erschlossen werden und so einen nachhaltigen Beitrag für den Forschungscampus geleistet.

Diese und weitere Ergebnisse des Projekts wurden zudem in einer Vielzahl an wissenschaftlichen Veröffentlichungen durch alle Projektpartner publiziert. Eine Auflistung der erschienenen Veröffentlichungen findet sich im Kap. 18.

Veröffentlichungen im Rahmen des Projekts ProVor^Plus

Klaus Dröder⬤, Moritz Micke-Camuz und Jan P. Beuscher⬤

2019

J. P. Beuscher, R. Schnurr, F. Gabriel, M. Kühn, K. Dröder, "Mould-integrated heating technology for efficient and appropriate processing of fibre-reinforced thermoplastics," *2nd CIRP Conference on Composite Materials Parts Manufacturing, Procedia CIRP*, vol. 85, pp. 133–140, 2019.

R. Schnurr, F. Gabriel, J- P. Beuscher, K. Dröder, "Model-based Heating and Handling Strategy for Pre-Assembled Hybrid Fibre-Reinforced Metal-Thermoplastic Preforms," *2nd CIRP Conference on Composite Materials Parts Manufacturing, Procedia CIRP*, vol. 85, pp. 177–182, 2019.

S. Hartwig, D. Blass and K. Dilger, "Bonding Performance After Aging of Fusion Bonded Hybrid Joints," *International Journal of Adhesion and Adhesives*, 2019.

C. Bruns, F. Bohne, M. Micke-Camuz, B.-A. Behrens, and A. Raatz, "Heated gripper concept to optimize heat transfer of fiber-reinforced-thermoplastics in automated thermoforming processes," *Procedia CIRP 12th CIRP Conference on Intelligent Computation in Manufacturing Engineering*, vol. 79, pp. 331–336, 2019.

K. Dröder (✉) · J. P. Beuscher
Institut für Werkzeugmaschinen und Fertigungstechnik, Technische Universität Braunschweig, Braunschweig, Deutschland

J. P. Beuscher
E-Mail: j.beuscher@tu-braunschweig.de

M. Micke-Camuz
Institut für Umformtechnik und Umformmaschinen, Leibniz Universität Hannover, Garbsen, Deutschland

© Springer-Verlag GmbH Deutschland, ein Teil von Springer Nature 2020
K. Dröder (Hrsg.), *Prozesstechnologie zur Herstellung von FVK-Metall-Hybriden,* Zukunftstechnologien für den multifunktionalen Leichtbau,
https://doi.org/10.1007/978-3-662-60680-3_18

B.-A. Behrens, S. Hübner, A. Chugreev, A. Neumann, N. Grbic, H. Schulze, R. Lorenz, M. Micke and F. Bohne, "Development and Numerical Validation of Combined Forming Processes for Production of Hybrid Parts", Technologies for economical and functional lightweight design. Zukunftstechnologien für den multifunktionalen Leichtbau, K. Dröder, T. Vietor, Eds., Berlin, Heidelberg: Springer Vieweg, 2019.

2018

A. Müller: „Fertigungsstrategien zur Herstellung metall-kunststoffhybrider Gehäusestrukturen in Automotive Anwendungen," Technologietag ENGEL, Wurmberg, Germany, 2018.

C. Bruns, M. Micke-Camuz, F. Bohne, and A. Raatz, "Process design and modelling methods for automated handling and draping strategies for composite components," *CIRP Annals*, vol. 67, no. 1, pp. 1–4, 2018.

C. Bruns, J.-C. Tielking, H. Kuolt, and A. Raatz, "Modelling and Evaluating the Heat Transfer of Molten Thermoplastic Fabrics in Automated Handling Processes," *Procedia CIRP 7th CIRP Conference on Assembly Technologies and Systems*, vol. 76, pp. 79–84, 2018.

R. Schnurr, J.P. Beuscher, F. Dietrich and K. Dröder, "Pre-assembly and handling of limp endless fibre-reinforced thermoplastic-metal preforms," *18th European Conference on Composite Materials ECCM18*, Athens, Greece, 2018.

J.P. Beuscher, R. Schnurr, A. Müller, M. Kühn and K. Dröder, "Process Developement for Manufacturing Hybrid Components using an In-Mould Infrared Heating Device," *18th European Conference on Composite Materials ECCM18*, Athens, Greece, 2018.

B.-A. Behrens, S. Hübner, A. Chugreev, A. Neumann, N. Grbic, H. Schulze, R. Lorenz, M. Micke and F. Bohne, "Development and Numerical Validation of Combined Forming Processes for Production of Hybrid Parts," Conference Faszination hybrider Leichtbau, Wolfsburg, Germany, 2018.

K. Lippky, M. Mund, D. Blass and K. Dilger, "Investigation of hybrid fusion bonds under varying manufacturing and operating procedures," Composite Structures, A. J. M. Ferreira, Eds., Amsterdam, Netherlands: Elsevier, 2018. – ISSN: 0263-8223; https://doi.org/10.1016/j.compstruct.2018.01.078, 2018.

2017

R. Schnurr, J.P. Beuscher, F. Dietrich, A. Müller and K. Dröder, "Process design concept for automated pre-assembling of multi-material preforms," *21st International Conference on Composite Materials ICCM21*, Xi'an, China, 2017.

A. Müller, J.P. Beuscher, M. Kühn, S. Rettenmaier, P.; Müller-Hummel, K. Dröder, "Milling of glass fibre reininforced organic sheets (GFRP) in automotive applications," *20th Conference on Composite Structures*, Paris, France, 2017.

J.P. Beuscher, R. Schnurr, A. Müller, M. Kühn and K. Dröder, "Introduction of an inmould infrared heating device for processing thermoplastic fibre-reinforced preforms and manufacturing hybrid components", *21st International Conference on Composite Materials ICCM21*, Xi'an, China, 2017.

K. Lippky, S. Kreling and K. Dilger, „Prozessintegrierte Fügetechnologie zur Herstellung von FVK-Metall Bauteilen," *Tagungsband: 2. Niedersächsisches Symposium Materialtechnik, 23.–24.02.2017, Clausthal-Zellerfeld (Fortschrittsberichte der Materialforschung und Werkstofftechnik / Bulletin of Materials Research and Engineering, Band 4)*, Clausthaler Zentrum für Materialtechnik, Eds., Aachen: Shaker Verlag, pp. 247–257, 2017.

K. Lippky, S. Kreling and K.Dilger, "Integrated Joining Technique for Thermoplastic Fiber Reinforced -Metal-Hybrids," *Online Proceedings of The Adhesion Society, 40th Annual Meeting, 26.02.–01.03.2017*, St. Petersburg, Florida, USA. The Adhesion Society, 2017.

K. Lippky, M Mund, D. Blass, and K. Dilger: "Investigation of hybrid fusion bonds under varying manufacturing and operating procedures," *20th Conference on Composite Structures*, Paris, France, 2017.

F. Bohne, M. Micke-Camuz, M. Weinmann, C. Bonk, A. Bouguecha, and B.-A. Behrens, "Simulation of a Stamp Forming Process of an Organic Sheet and its Experimental Validation," *7. WGP-Jahreskongress*, Aachen, Germany, 2017.

C. Bruns and A. Raatz, "Simultaneous Grasping and Heating Technology for Automated Handling and Preforming of Continuous Fiber Reinforced Thermoplastics," *1st CIRP Conference on Composite Materials Parts Manufacturing, Procedia CIRP*, vol. 66, pp. 119–124, 2017.

B.-A. Behrens, A. Raatz, S. Hübner, C. Bonk, F. Bohne, C. Bruns and M. Micke-Camuz, "Automated Stamp Forming of Continuous Fiber Reinforced Thermoplastics for Complex Shell Geometries," *1st CIRP Conference on Composite Materials Parts Manufacturing, Procedia CIRP*, vol. 66, pp. 113–118, 2017.

B.-A. Behrens, S. Hübner, C. Bonk, F. Bohne and M. Micke-Camuz, "Development of a Combined Process of Organic Sheet forming and GMT Compression Molding," *Procedia Engineering*, vol. 207, pp. 101–106, 2017.

B.-A. Behrens, A. Bouguecha, J. Moritz, C. Bonk, S. Hübner, F. Bohne, N. Grbic, M. Micke-Camuz, H. Vogt, D. Yilkiran, K. Wölki, C and M. Gaebel, „Aktuelle Forschungsschwerpunkte in der Blechumformung," *22. Umformtechnisches Kolloquium Hannover*, 15.–16.03.2017, 2017.

2016

J.P. Beuscher and K. Dröder, „Large Scale Hybrid Component Production – Automation Solutions and Benefits," presented at Composites Europe 2016 – Lightweight Technologies Forum, Düsseldorf, Deutschland, 2016.

R. Schnurr, K. Lippky, C. Löchte, F. Dietrich, K. Dröder, S. Kreling, K. Dilger, "Introduction of a production technology for the pre-assembly of multi-material-preforms aiming at a large scale production," *20th International Conference on Composite Materials*, Kopenhagen, Dänemark, 2015.

K. Lippky, S. Kreling, K. Dilger, J.P. Beuscher, R. Schnurr, M. Kühn, F. Dietrich, and K. Dröder, „Integrierte Produktionstechnologien zur Herstellung hybrider Leichtbaustrukturen," *Lightweight Design*, vol. 2, pp. 59–63, 2016.

K. Lippky, S. Kreling, K. Dilger, „Fügetechnik für die integrierte Produktion hybrider Leichtbaustrukturen," *Lightweight Design*, vol. 9, pp. 48–51, 2016.

K. Lippky, J. Weimer, R. Schnurr, J.P. Beuscher, S. Kreling, K. Dröder, and K. Dilger, "Laser pretreatment of contaminated surfaces for fusion bonding processes," *SAMPE Long Beach 2016*, California, May 23–26, 2016, p. 398–408, 2016.

J.P. Beuscher, M. Brand, R. Schnurr, A. Müller, M. Kühn, F. Dietrich, K. Dröder, "Improving the processing properties of hybrid components using interlocking effects on supporting structures," *17th European Conference on Composite Materials ECCM17*, Munich, Germany, 2016.

K. Dröder, R. Schnurr, J. Beuscher, K. Lippky, A. Müller, M. Kühn, F. Dietrich, S. Kreling, and K. Dilger, "An Integrative Approach Towards Improved Processability and Product Properties in Automated Manufacturing of Hybrid Components," *2. Internationale Konferenz Euro Hybrid – Materials and Structures*, Kaiserslautern, 2016.

J. Heyn, R. Schnurr, F. Dietrich, and K. Dröder, „Self-Supporting End Effectors: Towards Low Powered Robots for High Power Tasks," *6th Conference on Assembly Technologies and Systems (CATS)*, Gothenburg, Sweden, 2016.

M. Weinmann, „Schädigungsverhalten im Fertigungsprozess," *1. CZM-Absolvententag*, Clausthal-Zellerfeld, Germany, 2016.

Printed in the United States
By Bookmasters